U0227806

微课学
Adobe Animate CC
动画制作

张晓辉 编著

清華大學出版社

北 京

内容简介

本书共分为11章，从最基础的 Animate CC 安装和使用方法开始讲起，以循序渐进的方式详细讲解了初识 Adobe Animate CC，Adobe Animate 的基本操作，颜色的设置与管理，图形的绘制与编辑，元件、实例和库，使用"时间轴"面板，基本 Animate 动画制作，高级 Animate 动画制作，文本、声音和视频的应用，组件、动画预设和命令以及掌握 ActionScript 等内容。书中精心安排了有针对性的实例，不仅可以帮助读者轻松掌握软件使用方法，更能应对 Animate 图形绘制和动画制作等实际工作的需要。另外，本书赠送同步教学视频、源文件和素材以及 PPT 课件，方便读者学习和使用。

本书适合广大 Animate 动画制作初学者，以及有志于从事插画设计、视频剪辑、游戏开发、动漫制作等工作的人员使用，同时也适合高等院校相关专业的学生和各类培训班的学员参考阅读。

图书在版编目（CIP）数据

微课学Adobe Animate CC动画制作 / 张晓辉编著. —北京：清华大学出版社，2024.5
（清华电脑学堂）
ISBN 978-7-302-65524-4

Ⅰ.①微…　Ⅱ.①张…　Ⅲ.①动画制作软件－教材　Ⅳ.①TP391.414

中国国家版本馆CIP数据核字（2024）第044934号

责任编辑：张　敏
封面设计：郭二鹏
责任校对：徐俊伟
责任印制：宋　林

出版发行：清华大学出版社
　　　　　网　　　　　址：https://www.tup.com.cn，https://www.wqxuetang.com
　　　　　地　　　　　址：北京清华大学学研大厦A座　　邮　　编：100084
　　　　　社　　总　　机：010-83470000　　　　　　　邮　　购：010-62786544
　　　　　投稿与读者服务：010-62776969，c-service@tup.tsinghua.edu.cn
　　　　　质　量　反　馈：010-62772015，zhiliang@tup.tsinghua.edu.cn
　　　　　课　件　下　载：https://www.tup.com.cn，010-83470236
印　装　者：涿州汇美亿浓印刷有限公司
经　　　销：全国新华书店
开　　　本：170mm×240mm　　　印　　张：15　　　字　　数：397千字
版　　　次：2024年5月第1版　　　印　　次：2024年5月第1次印刷
定　　　价：99.00元

产品编号：090100-01

前言

Animate CC 的推出使 Animate 软件本身的功能更加人性化，操作更加便利。新版本针对软件的一些功能进行了改进和增强，使得 Animate 在角色动画、社交、游戏、教育、广告和网络等方面有着更广泛的用途。

本书是初学者快速自学 Animate CC 的经典教程。本书从实用角度出发，全面、系统地讲解了 Animate CC 的相关应用功能，基本上涵盖了 Animate CC 全部工具、面板和菜单命令。本书在介绍软件功能的同时，还精心安排有针对性的实例，帮助读者轻松掌握制作 Animate 动画的实用技巧和具体应用，做到学用结合。并且，全部的操作案例都配有教学视频，详细演示了案例制作的完整过程。

本书内容

本书采用知识点与实战相结合的形式，以由浅入深的方式讲解了 Animate CC 各方面的知识点，帮助读者了解 Animate 动画制作的设计环境、制作流程和制作技巧，在全面掌握 Animate 各个知识点的基础上，不断积累创作经验，创造出生动有趣的动画短片。

本书特点

本书内容丰富、条理清晰，通过 11 章的内容，为读者全面、系统地介绍了 Animate CC 的所有功能，以及在 Animate CC 中制作不同类型动画的方法和技巧。本书采用理论知识和案例相结合的方法，使读者将所学知识融会贯通。

源文件

- 语言通俗易懂，精美案例图文同步，通过基础知识与案例制作相结合，帮助读者快速掌握相关知识点。
- 注重设计知识点和案例制作技巧的归纳总结，知识点和案例的讲解过程中穿插了大量的软件操作技巧和提示等，读者能更好地对知识点进行归纳吸收。

同步微视频

- 每一个案例的制作过程，都配有相关视频教程和素材，步骤详细，使读者轻松掌握。
- 赠送同步微视频、源文件和 PPT 课件，读者可扫描右方二维码获取相关资源。

PPT 课件

由于时间较为仓促，书中难免有疏漏之处，在此敬请广大读者朋友批评、指正。

编著者

2023.18

目录

第 1 章
初识 Adobe Animate CC

Adobe Animate CC 是一款优秀的动画制作软件，是由原 Adobe Flash Professional CC 更名得来。从工作方法和制作流程来看，传统动画的制作方法比较烦琐复杂，而 Animate 动画的制作简化了许多制作流程，能够为创作者节约更多的时间。本章将向读者介绍有关 Animate 的一些基础知识，为后面学习 Animate 动画制作打下基础。

本章知识点

（1）了解 Animate 的发展历史。
（2）了解 Animate 的基本术语。
（3）了解 Animate 的文件格式。
（4）熟悉软件工作界面和工作区。
（5）掌握查看舞台和辅助工具的使用。

1.1 Animate 的诞生和发展

Animate 的前身为 Adobe Flash，是一款由 Adobe 公司开发的动画制作软件。它具有强大的动画制作和交互式设计功能，已经成为了动画制作和交互式媒体设计领域的标准工具之一。

1996 年，FutureWave Software 推出了 FutureSplash Animator 软件，用于创建基于矢量图形的动画。1997 年，Macromedia 公司收购了 FutureWave Software，并将 FutureSplash Animator 改名为 Flash。

2005 年，Adobe 收购了 Macromedia，并将 Flash 纳入了 Adobe Creative Suite 软件套装中。2010 年，Adobe 宣布将 Flash 逐渐淘汰，并将其重点放在 HTML5、JavaScript 和 CSS3 技术上。2013 年，Adobe 发布了 Flash Professional CC，并将其改名为 Animate CC。

自 2014 年开始，Adobe 逐年对 Animate CC 进行优化与完善，增加了 HTML5 Canvas 支持、高分辨率显示支持、CC Libraries 和 Typekit 支持，集成了 Adobe Stock 图库、VR（虚拟现实）制作功能，支持 Apple Metal，提高 SVG 支持，增加了云服务等使用户更方便地使用和共享资源的同时，也可以更好地适应移动设备和 Web 应用程序的需求。

Animate 软件已经成了一个全面的动画制作和交互式设计工具。它不仅支持传统的手绘动画制作，还支持 3D 动画、虚拟现实、交互式设计等多种动画形式。它的发展历程也体现了动画制作软件技术的不断进步和应用范围的扩大。

目前 Animate CC 的最新版本为 Animate CC 2023，其启动图标及操作界面如图 1-1 所示。

图 1-1　Animate CC 2023 启动图标及操作界面

1.2　Animate 的基本术语

Animate 动画制作有很多专业的术语，在正式开始学习 Animate CC 之前，了解这些术语有利于读者快速掌握 Animate 软件的操作。

1.2.1　帧、关键帧和空白关键帧

帧、关键帧和空白关键帧是 Animate 动画制作中常用的术语，了解这些术语才能更好地理解 Animate 动画的制作过程。

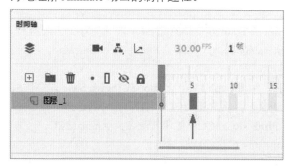

图 1-2　帧

帧：帧是进行动画制作的最小单位，主要用来延伸时间轴上的内容。帧在时间轴上以灰色填充的方式显示，如图 1-2 所示。通过增加或减少帧的数量可以控制动画播放的速度。

关键帧：在关键帧中定义了对动画对象属性所做的更改，或者包含了控制文件的 ActionScript 代码。关键帧可以不用画出每个帧就可以生成动画，所以能够更轻松地创建动画。关键帧在时间轴上显示为实心的圆点，如图 1-3 所示。可以通过在时间轴中拖动关键帧来轻松更改补间动画的长度。

空白关键帧：空白关键帧是编辑舞台上没有包含内容的关键帧。空白关键帧在时间轴上显示为空心的原点，如图 1-4 所示。在空白关键帧上添加内容就可以将其转换为关键帧。

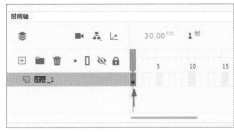

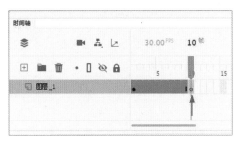

图 1-3　关键帧　　　　　　　　　　　　　　图 1-4　空白关键帧

小技巧

尽可能在同一动画中减少关键帧的使用，来减少动画文档的体积。还要尽量避免在同一帧处大量使用关键帧，这样可以减少动画运行负担。

提示

帧和关键帧在时间轴中出现的顺序决定它们在 Animate 应用程序中显示的顺序。可以在时间轴中排列关键帧，以便编辑动画中事件的顺序。

1.2.2　帧频

帧频指的是 Animate 动画的播放速度，以每秒播放的帧数为度量单位，例如将帧频设置为 24 帧 / 秒，即代表动画每秒钟播放 24 帧。帧频太慢会使动画播放起来不流畅，帧频太快会使用户忽略动画中的细节。

由于播放平台的不同，不同动画类型有不同的帧频，如视频动画帧频为 24 帧 / 秒，游戏动画帧频为 30 帧 / 秒。用户可以在 Animate 的"属性"中设置帧频（FPS）数值，如图 1-5 所示。

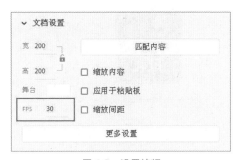

图 1-5　设置帧频

Animate 动画的复杂程度和播放动画的设备的速度会影响动画播放的流畅度，所以，制作完成的 Animate 动画要在不同的设备上完成测试后，才能得到最佳的帧频。

1.2.3　场景

一个 Animate 中至少包含一个场景，也可以同时拥有多个场景。通过 Animate 中的"场景"面板可以根据需要进行添加或删除，如图 1-6 所示。

图 1-6　"场景"面板

场景是在创建 Animate 文件时放置图形内容的矩形区域，这些图形内容包括矢量插图、文本框、按钮、导入的位图图像或视频剪辑等。Animate 创作环境中的场景相当于 Animate Player 或 Web 浏览器窗口中在回放期间显示 Animate 文件的矩形空间。可以在工作时放大和缩小以更改场景的视图，网格、辅助线和标尺有助于在舞台上精确地定位内容。

1.3 Animate 的文件格式

Animate 可与多种文件类型一起使用，每种类型都具有不同的用途。

1.3.1 FLA 和 SWF

FLA 格式是 Animate 中使用的主要文件格式，它是包含 Animate 文件的媒体、时间轴和脚本基本信息的文件，格式图标如图 1-7 所示。

SWF 文件是 FLA 文件的压缩版本，一般通过发布出来，可以直接应用到网页中，也可以直接播放，格式图标如图 1-8 所示。

1.3.2 XFL

XFL 文件格式代表了 Animate 文件，是一种基于 XML 开放式文件的方式。这种格式将方便设计人员和程序员合作，提高工作效果，格式图标如图 1-9 所示。

图 1-7　FLA 格式图标　　　图 1-8　SWF 格式图标　　　图 1-9　XFL 格式图标

1.3.3 GIF 和 JPG

GIF 格式是基于网络上传输图像而创建的文件格式，格式图标如图 1-10 所示。它采用压缩方式将图片压缩得很小，有利于在网上传输。它支持背景透明和动画，可以用它制作简单的动画。由于此格式压缩效果较好，可以保持稳健的透明性。它支持 256 种颜色以及 8 位的图像文件。

JPG 格式是由联合图像专家组制定的带有压缩的文件格式，格式图标如图 1-11 所示。它可以设置压缩品质数值，压缩数值越大，压缩后的文件越小，但图像的某些细节会被忽略，所以会存在一定程度上的失真。该格式主要用于图像预览、制作网页和超文本文件中。

1.3.4 PSD 和 PNG

PSD 是默认的文件格式，而且是除大型文件格式（PSB）之外支持所有 Photoshop 功能的唯一格式，格式图标如图 1-12 所示。PSD 格式可以保存图像中的图层、通道和颜色模式等信息。将文件保存为 PSD 格式，可方便以后进行修改。

Animate 可以直接导入 PSD 文件并保留许多 Photoshop 功能，并且可在 Animate 中保持 PSD 文件的图像质量和可编辑性。导入 PSD 文件时还可以对其平面化，同时创建一个位图图像文件。

便携网络图形（PNG）格式是作为 GIF 的替代品开发的，用于无损压缩和在 Web 上显示图像，格式图标如图 1-13 所示。与 GIF 不同，PNG 支持 24 位图像并产生无锯齿状边缘的背景透明度；但是，某些 Web 浏览器不支持 PNG 图像。PNG 格式支持无 Alpha 通道的 RGB、索引颜色、灰度和位图模式的图像。PNG 保留灰度和 RGB 图像中的透明度。

图 1-10　GIF 格式图标　　图 1-11　JPG 格式图标　　图 1-12　PSD 格式　　图 1-13　PNG 格式图
　　　　　　　　　　　　　　　　　　　　　　　　　　　　图标　　　　　　　标本

1.4　Animate 的安装

在使用 Animate CC 之前先要安装该软件。安装（或卸载）前应关闭系统中当前运行的 Adobe 相关程序，安装过程并不复杂，用户只需根据提示信息即可完成操作。

1.4.1　安装 Animate CC

打开浏览器，在地址栏中输入 www.adobe.com.cn，打开 Adobe 官网，官网首页效果如图 1-14 所示。单击页面顶部"帮助与支持"菜单，选择"下载并安装"选项，如图 1-15 所示。

图 1-14　Adobe 官网首页　　　　　　　　图 1-15　"下载并安装"选项

在打开的页面中单击"Creative Cloud 所有应用程序"选项中的"免费试用"按钮，

如图 1-16 所示。下载 Creative_Cloud.exe 文件并安装，完成安装后，在桌面上或"开始"菜单中找到 Adobe Creative Cloud 图标，启动 Adobe 云端，如图 1-17 所示。

图 1-16　免费试用 Creative Cloud

图 1-17　启动 Adobe 云端

单击 Animate 选项下面的"试用"按钮，如图 1-18 所示。稍等片刻即可完成 Animate CC 2023 的安装。用户可以在"开始"菜单中找到安装完成的 Adobe Animate CC 2023 的启动程序，如图 1-19 所示。

图 1-18　单击"试用"按钮

图 1-19　"开始"菜单

> **提示**
>
> 安装 Animate CC 2023 前，需要确保当前计算机 C 盘有至少 10GB 的剩余空间，以确保顺利完成 Animate CC 2023 软件的安装。

1.4.2　使用 Adobe Creative Cloud Cleaner

如果用户没有采用正确的方式卸载软件，再次安装软件时会提示无法安装软件。用户可以登录 Adobe 官网下载 Adobe Creative Cloud Cleaner 工具，清除错误即可再次安装。此工具可以删除产品预发布安装的安装记录，并且不影响产品早期版本的安装。

下载 Adobe Creative Cloud Cleaner Tool 后双击启动工具，如图 1-20 所示。按 E 键，再按 Enter 键，如图 1-21 所示。

按 Y 键，再按 Enter 键，进入如图 1-22 所示界面。按 1 键，再按 Enter 键，进入如图 1-23 所示的界面。

图 1-20　启动工具界面

图 1-21　确定语言

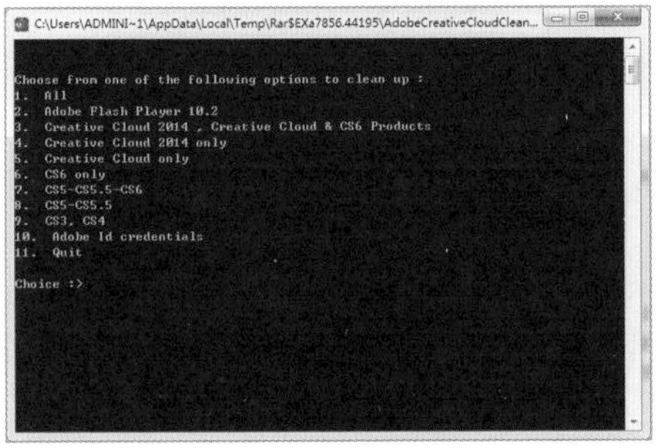

图 1-22　选择清除版本

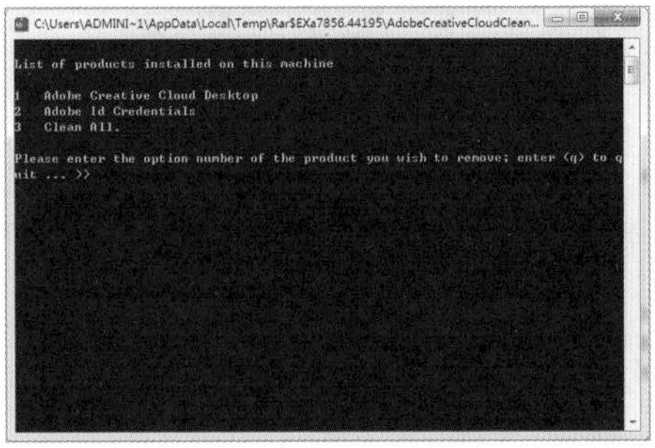

图 1-23　选择清除内容

　　按 3 键，再按 Enter 键。按 Y 键，再按 Enter 键。稍等片刻即可完成清理操作，如图 1-24 所示。完成清理操作后重新安装软件即可。

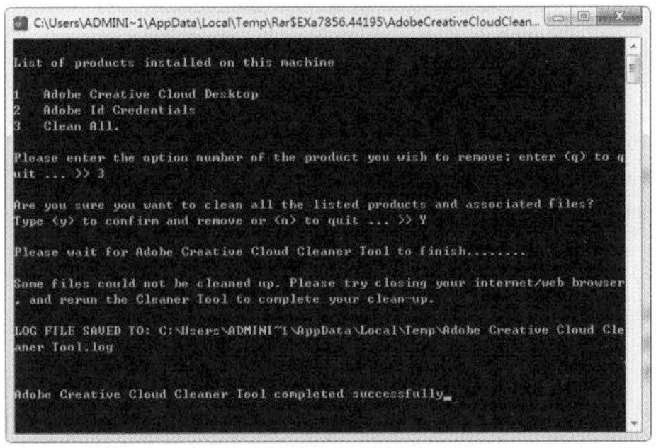

1.4.3　启动 Animate CC

　　安装完成后，双击该软件的快捷方式（或在"开始"菜单中找到该软件），进入启动界面，如图 1-25 所示，读取完成后，即可进入该软件界面，如图 1-26 所示。

图 1-24　完成清理操作

图 1-25　Animate CC 2023 启动界面

图 1-26　Animate CC 2023 软件界面

提示

如果用户有产品序列号，可以在"欢迎第一次启动 Adobe Creative Cloud 时，系统会要求用户输入 Adobe ID 和密码。Adobe ID 是 Adobe 公司提供给用户的 Adobe 账号，使用 Adobe ID 可以登录 Adobe 网站论坛、Adobe 资源中心以及可以对软件进行更新等。新用户可以通过注册，获得一个 Adobe ID。"在界面中选择"安装"选项进行安装。试用版本和正式版本在功能上没有区别，但只能试用 7 天，7 天后需要输入序列号才能继续使用。

1.5　Animate 的工作界面

Animate CC 2023 的工作界面相对于旧版本改进了很多，文件切换更加快捷，工具的使用更加方便，图像处理界面也更加开阔了。

Animate CC 的工作界面得到了很多的优化，操作效率提高很多。Animate CC 的工作界面包括舞台、编辑栏、工具箱、时间轴和面板等五部分，如图 1-27 所示。

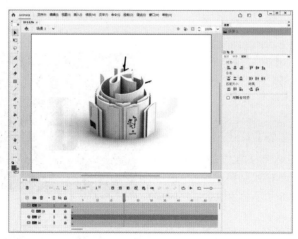

图 1-27　Animate CC 的工作界面

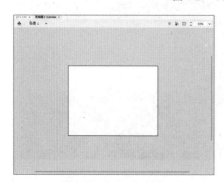

图 1-28　Animate 舞台

1.5.1　舞台

舞台就是工作界面中背景为白色的区域，相当于 Photoshop 中的画布，Animate 中大部分的绘图、动画创建等工作都在此二维区域内进行。

在输出影片时，只有白色区域内的对象被显示，因此，无论是动画或是静态的图形，都必须在舞台上创建。图 1-28 所示为新建的空白文件。

　　默认情况下，Animate CC 2023 的工作界面为深灰色。执行"编辑"→"首选项参数"→"编辑首选参数"命令，用户可以在弹出的"首选参数"对话框的"常规"选项中设置 UI 主题为深、浅或最浅。

1.5.2　编辑栏

　　工具栏正下方的编辑栏包含用于编辑场景和元件以及用于更改舞台的缩放比例等信息，单击左边的场景按钮或右边的下拉列表对其进行编辑。图 1-29 所示为编辑栏。

图 1-29　编辑栏

1.5.3　工具箱

　　工具箱是 Animate 动画设计过程中最常用的，其中包含了很多工具，能实现不同效果。熟悉各个工具的功能特性是 Animate 学习的重点。

　　Animate 的工具箱默认放置在界面右侧，拖曳其边框可调整其显示效果如图 1-30 所示。在工具箱各个按钮下，如果有黑色箭头，表示该工具按钮内有隐藏工具，单击带有黑色箭头的按钮就可以显示隐藏的工具。

　　单击工具箱中的"编辑工具栏"图标 •••，用户可通过拖曳操作完成工具箱的自定义操作，如图 1-31 所示。

 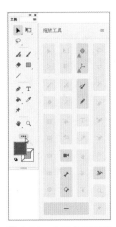

图 1-30　工具箱　图 1-31　自定义工具箱

1.5.4　时间轴

　　时间轴是 Animate 中最重要的组成部分，通过对时间轴上的关键帧的制作，Animate 会自动生成运动中的动画帧，节省动画制作时间，提高动画制作的工作效率。

　　时间轴上有一条蓝色的线，称为播放的"定位磁头"，拖动可实时播放动画，便于用户观察。"时间轴"面板如图 1-32 所示。

图 1-32　"时间轴"面板

1.5.5　面板

　　Animate CC 中包含了 20 多个面板，常用面板包括"属性"面板、"时间轴"面

板、"颜色"面板等。用户可以通过"窗口"菜单，选择显示或隐藏指定的面板，如图 1-33 所示。

面板是用于设置工具参数以及执行编辑命令的，默认被显示在窗口的右侧，用户可以通过拖曳的方式自由组合面板，如图 1-34 所示。

图 1-33 "窗口"菜单　　图 1-34 自由组合面板

1.6 设置工作区

由于 Animate 能够完成不同类型的工作，为了能更好地操作，用户可以根据个人习惯或工作类型的不同选择使用不同的工作区，最大化地发挥软件功能。

1.6.1 使用预设工作区

Animate CC 为用户提供了很方便的、适合各种设计人员的工作区，一共有 8 种方案可以选择。打开 Animate CC 软件，执行"窗口"→"工作区"命令，用户可以在弹出的菜单中选择使用不同的工作区，如图 1-35 所示。选择"开发人员"工作区，软件界面效果如图 1-36 所示。

图 1-35 工作区方案

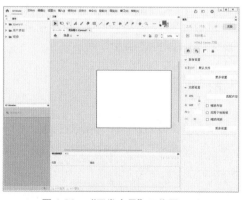

图 1-36 "开发人员"工作区

单击软件右上角的"工作区"按钮，用户也可以在弹出的下拉菜单中选择不同的工作区，如图 1-37 所示。也可以通过单击 图 "保存工作区"按钮，将当前布局存储为工作区，如图 1-38 所示。

图 1-37　选项工作区

图 1-38　保存工作区

1.6.2　重置和删除工作区

由于频繁的操作，改变了工作区的布局，执行"窗口"→"工作区"→"重置工作区"命令，即可将当前工作区恢复到默认状态。单击"工作区"按钮，在弹出的下拉菜单中找到正在使用的工作区，单击 图 图标，即可重置当前工作区。选中保存的工作区，单击 图标，即可删除当前保存的工作区，如图 1-39 所示。

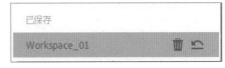

图 1-39　删除和重置保存的工作区

1.6.3　应用案例——自定义快捷键

Step 01 启动 Animate 软件，执行"编辑"→"快捷键"命令，如图 1-40 所示。弹出"键盘快捷键"对话框，如图 1-41 所示。

图 1-40　执行命令

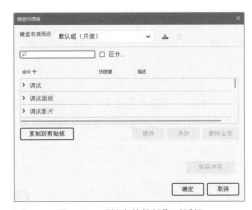

图 1-41　"键盘快捷键"对话框

Step 02 在"命令"选项中选择"视图"菜单，选择"放大"命令，如图 1-42 所示。单击"删除全部"按钮，删除命令快捷键，如图 1-43 所示。

Step 03 在"快捷键"文本框中单击，按组合键 Ctrl+\，如图 1-44 所示。单击"确定"按钮，完成自定义快捷键的操作，如图 1-45 所示。

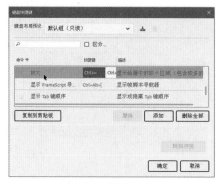

图 1-42　选择命令

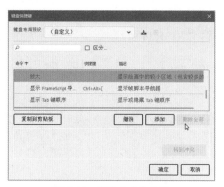

图 1-43　删除命令快捷键

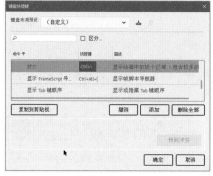

图 1-44　定义快捷键

图 1-45　完成自定义快捷键

1.7　查看舞台

在绘制场景或绘制动画时，由于受画面尺寸限制，不能精确对元件进行各种操作，常常需要将舞台的比例进行放大或者缩小等操作。

1.7.1　放大视图

执行"视图"→"放大"命令，即可对元件按比例进行放大操作，也可以使用工具箱中的"缩放工具"按钮来放大视图，舞台上的最大放大比率为 2000%。图 1-46 所示为视图放大后的效果。

图 1-46　视图放大后的效果

1.7.2　缩小视图

执行"视图"→"缩小"命令，即可对元件按比例进行缩小操作，也可以单击工具箱中的"缩放工具"按钮来缩小视图，舞台上的最小缩小比率为 4%。图 1-47 所示为视图缩小后的显示效果。

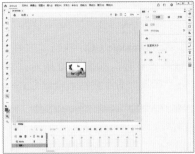

图 1-47　视图缩小后的效果

提示

用户也可以执行"视图"→"屏幕模式"→"标准屏幕模式 / 带有菜单栏的全屏模式 / 全屏模式"命令来以不同的模式查看舞台。

小技巧

双击工具箱中的"缩放工具"按钮，可以 100% 显示文件比例。双击"手形工具"按钮，则可以满屏显示文件比例。

1.7.3　显示帧和显示全部

如果要显示整个舞台，可以执行"视图"→"缩放比率"→"显示帧"命令或从文件窗口右上角的"缩放"控件中选择"显示帧"选项，如图 1-48 所示。"显示帧"视图效果如图 1-49 所示。

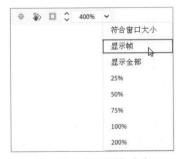

图 1-48　"显示帧"命令　　　　　　　　图 1-49　"显示帧"视图效果

执行"视图"→"缩放比率"→"显示全部"命令或从应用程序窗口右上角的"缩放"控件中选择"显示全部"选项，即可显示当前帧上的全部内容。

1.8 使用辅助工具

为了使 Animate 动画设计制作工作更精确，Animate CC 为用户提供了"标尺""网格""辅助线"等辅助工具，提高动画的质量和效率。

1.8.1 应用案例——使用标尺

Step 01 启动 Animate CC，执行"文件"→"新建"命令，在弹出的"新建文档"对话框中设置各项参数，如图 1-50 所示。单击"创建"按钮，新建一个动画文档。执行"视图"→"标尺"命令或按组合键 Ctrl+Alt+Shift+R 显示标尺，效果如图 1-51 所示。

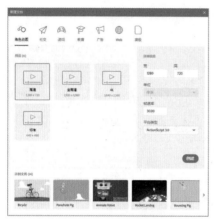
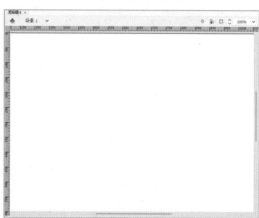

图 1-50　"新建文档"对话框　　　　　　　图 1-51　标尺显示效果

Step 02 单击工具箱中的"矩形工具"按钮，单击工具箱底部的"填充颜色"色块，弹出"样本"面板，设置"填充颜色"为 #FF6600，如图 1-52 所示。将光标移动到舞台中，观察标尺上红色线条位置，如图 1-53 所示。

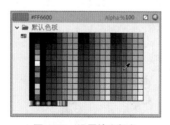

图 1-52　设置填充颜色　　　　　　　图 1-53　观察标尺上红色线条位置

Step 03 按下鼠标左键并拖曳，观察提示线位置，如图 1-54 所示。松开鼠标左键，完成一个 150 像素 ×150 像素矩形的绘制，效果如图 1-55 所示。

> **提示**
>
> 用户也可以在激活"选择工具""任意变形工具""套索工具"的前提下，通过单击"属性"面板中的"显示标尺"按钮▛，在舞台中显示或隐藏标尺。

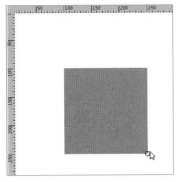

图 1-54　观察标尺

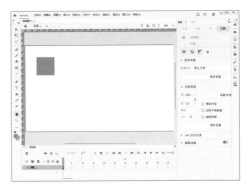

图 1-55　绘制矩形

1.8.2　了解参考线

参考线也称辅助线，主要起到参考作用。在制作动画时，可使用参考线使对象和图形都对齐到舞台中的某一条横线或纵线上。

要使用参考线，必须启用标尺命令。如果显示了标尺，可以直接在垂直标尺或水平标尺上按住鼠标左键拖曳到舞台上，即可完成参考线的绘制，如图 1-56 所示。

执行"视图"→"辅助线"→"编辑辅助线"命令，用户可以在弹出的"辅助线"对话框中修改辅助线的"颜色"和"对齐精确度"等参数，如图1-57 所示。

图 1-56　创建参考线

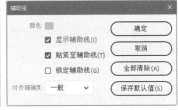

图 1-57　"辅助线"对话框

> **提示**
>
> 用户也可以执行"视图"→"辅助线"→"显示辅助线 \ 锁定辅助线和 \ 清除辅助线"命令来显示或隐藏辅助线、锁定辅助线、删除辅助线。

1.8.3　使用网格

网格将在文件的所有场景中显示为一系列直线，方便用户制作规范图形，同时还可以有效地提高绘制图形的精确度。

执行"视图"→"网格"→"显示网格"命令或者按组合键 Ctrl+' 即可隐藏或显示网格。网格显示效果如图 1-58 所示。

执行"视图"→"网格"→"编辑网格"命令，弹出"网格"对话框，如图1-59 所示。通过该对话框，

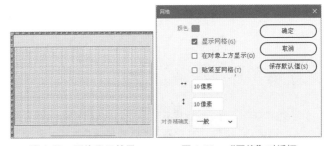

图 1-58　网格显示效果　　图 1-59　"网格"对话框

可以对网格进行编辑。

1.8.4 启用贴紧功能

执行"视图"→"贴紧"菜单下的命令，可完成各种贴紧对齐、贴紧至网格、贴紧至辅助线、贴紧至像素、贴紧至对象和将位图贴紧至像素等贴紧操作，如图 1-60 所示。执行"视图"→"贴紧"→"编辑贴紧方式"命令，用户可在弹出的"编辑贴紧方式"对话框中一次性设置贴紧方式，如图 1-61 所示。

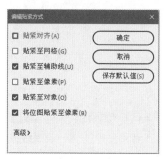

图 1-60　"贴紧"菜单　　　　　　　图 1-61　"编辑贴紧方式"对话框

提示

通过单击"属性"面板中的"贴紧至对象"按钮∩或"贴紧对齐"按钮ʕ，可快速完成贴紧方式的设置。

1.8.5 隐藏边缘

选择和编辑对象时，对象边缘会高亮显示，方便用户观察对象的范围和显示效果，如图 1-62 所示。执行"视图"→"隐藏边缘"命令，将隐藏对象边缘，如图 1-63 所示。

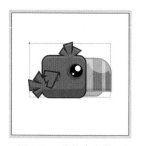

图 1-62　边缘高亮显示　　　　　　　图 1-63　隐藏边缘效果

1.9 预览模式

执行"视图"→"预览模式"命令，可以对 Animate 的显示模式进行设置，如图 1-64 所示，Animate CC 提供了"轮廓""高速显示""消除锯齿""消除文字锯齿"和"整个"5 种预览模式。

1.9.1　轮廓

执行"视图"→"预览模式"→"轮廓"命令，舞台中复杂的图形将显示为线条，方便用户观察和编辑图形，如图 1-65 所示。

图 1-64　预览模式

图 1-65　"轮廓"模式显示效果

单击"时间轴"面板上图层名称后的第二个按钮，即可将当前图层显示为轮廓，如图 1-66 所示。单击所有图层上方的"将所有图层显示为轮廓"按钮，可将所有图层中的对象显示为轮廓，如图 1-67 所示。

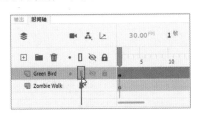

图 1-66　当前图层显示为轮廓　　　　　图 1-67　将所有图层显示为轮廓

1.9.2　高速显示

高速显示是显示文件速度最快的模式。执行"视图"→"预览模式"→"高速显示"命令。可高速显示文件。此模式下 Animate 中的图形锯齿感非常明显，如图 1-68 所示。

图 1-68　"高速显示"模式
显示效果

1.9.3　消除锯齿

这是最常使用的模式。使用该模式可以明显地看到图中的形状和线条被消除了锯齿，线条和图像的边缘更加平滑，如图 1-69 所示。

图 1-69　"消除锯齿"模式
显示效果

1.9.4　应用案例——消除文字锯齿

Step 01 新建一个 900 像素 ×900 像素的文件，如图 1-70 所示。执行"文件"→"导入"→"导入到舞台"命令，将素材文件"35401.png"导入舞台中，如图 1-71 所示。

Step 02 单击工具箱中的"文本工具"按钮，在"属性"面板中设置参数如图 1-72 所示。将光标移到舞台中，按下鼠标左键拖曳绘制文本框并输入文字，如图 1-73 所示。

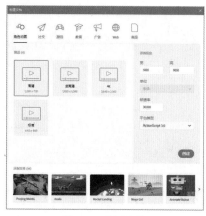

图 1-70　新建文件

图 1-71　导入图片素材

图 1-72　设置文本参数

图 1-73　输入文字

图 1-74　文字
显示效果

图 1-75　消除文
字锯齿显示效果

Step 03 把舞台放大到 2000%，文字显示效果如图 1-74 所示。执行"视图"→"预览模式"→"消除文字锯齿"命令，文字显示效果变得很平滑，如图 1-75 所示。

1.9.5　整个

执行"视图"→"预览模式"→"整个"命令，可以显示舞台中的所有内容，其中的图形、边线和文字都会以消除锯齿的方式显示，但对于复杂图形来说，会增加计算机的运算时间，操作中会觉得比较慢。

提示

预览模式默认的是"消除文字锯齿"，如果项目较大，建议用"高速显示"，占用资源少，预览较流畅。

1.10　管理 Animate 资源

图 1-76　"代码片段"面板

图 1-77　选择"导入代码片段 XML"选项

Animate CC 资源文件很丰富，提供了动画预设、代码片段等内容，供用户直接使用。此外，还可以引入外部资源。

1.10.1　代码片段和动画预设

执行"窗口"→"代码片段"命令，打开"代码片段"面板，如图 1-76 所示。单击面板的"选项"按钮，在弹出的快捷菜单中选择"导入代码片段 XML"选项，如图 1-77 所示，就可以导入外部代码片段。

执行"窗口"→"动画预设"命令，打开"动画预设"面板，如图1-78 所示。单击"动画预设"面板右上角的 ▤ 图标，在弹出的快捷菜单中选择"导入"选项，如图 1-79 所示。选择外部需要导入的动画预设文件，单击"打开"按钮，即可将其导入。

1.10.2　"资源"面板

Animate CC 为用户提供了包括动画、静态和声音剪辑等资源，执行"窗口"→"资源"命令，用户可在弹出的"资源"面板中查看，如图 1-80 所示。选择想要使用的资源，将其拖曳到舞台中即可使用，如图1-81 所示。

图 1-80　"资源"面板

图 1-81　使用资源

图 1-78　"动画预设"面板　　图 1-79　选择"导入"选项

"资源"面板中包含"默认"和"自定义"两个选项卡，"默认"选项卡用来存储 Animate 自带资源，包含"动画""静态""声音剪辑"3 种资源；"自定义"选项卡用来存储用户导出的资源，包含"动态"和"静态"两种资源。

提示

"动画"资源通常包含多个帧。"静态"资源通常只包含一个帧和一个图像。"声音剪辑"资源包含背景音乐和事件声音。

1.11　本章小结

本章针对 Adobe Animate CC 的基础知识进行讲解，帮助读者快速了解 Adobe Animate CC。通过学习本章内容，读者应掌握 Animate 的诞生与发展、安装以及基本术语和文件格式，同时掌握 Animate 的工作界面、设置工作区、查看舞台、使用辅助工具、预览模式和管理 Animate 资源等知识点。

第 2 章
熟悉 Adobe Animate 的文件操作

使用 Animate 可以制作出应用到不同领域的动画，例如角色动画、社交动画、游戏或教育动画等。在开始学习图形绘画与动画制作之前，了解 Animate 文件操作是非常必要的，能够帮助用户准确创建符合行业规范的文件，确保制作完成的动画能够被正确输出使用。

本章知识点

（1）掌握新建和打开文件的方法。
（2）掌握导入文件的方法。
（3）熟悉保存文件的方法。
（4）了解测试文件和导出文件的方法。
（5）掌握从错误中恢复的方法。

2.1 新建文件

使用 Animate 创建动画前必须要新建一个文件，Animate 为用户提供了多种新建文件的方法，用户可以自行创建空白文件，也可以基于模板创建文件。

2.1.1 新建动画文件

打开 Animate 软件，执行"文件"→"新建"命令或按组合键 Ctrl+N，弹出"新建文档"对话框，用户可以在该文本框顶部选择新建文件的类型。Animate 为用户提供了"角色动画""社交""游戏""教育""广告""Web""高级" 7 种文件类型，如图 2-1 所示。

图 2-1　新建文件类型

选择文件类型后，用户可在"预设"选项下选择预设文件尺寸或在右侧"详细信息"选项下设置文件的宽、高、单位、帧速率和平台类型，单击"创建"按钮，即可完成新文件的创建，如图 2-2 所示。

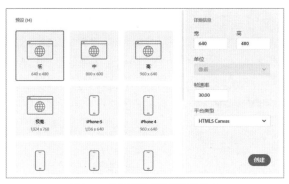

图 2-2　选择预设或设置详细信息

Animate 为用户提供了众多的动画示例文件，帮助用户学习动画的制作方法和技巧，用户可以双击"示例文件"选项下的文件缩览图，打开示例文件，如图 2-3 所示。

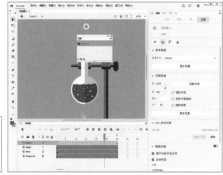

图 2-3　打开示例文件

2.1.2　从模板新建动画文件

执行"文件"→"从模板新建"命令或按组合键 Ctrl+Shift+N，弹出"从模板新建"对话框，通过该对话框，用户可以基于不同的模板创建不同的文件，如图 2-4 所示。

首先在"类别"列表中选择动画类别，然后在"模板"列表中选择模板文件，单击"确定"按钮，即可从模板新建一个动画文件，如图 2-5 所示。

图 2-4　"从模板新建"对话框

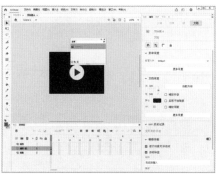

图 2-5　从模板新建一个动画文件

2.1.3 应用案例——新建 iPhone 手机动画文件

Step 01 执行"文件"→"新建"命令，在弹出的"新建文档"对话框中选择"Web"分类下的"iPhone 4"预设，如图 2-6 所示。单击"创建"按钮，Animate 软件界面如图 2-7 所示。

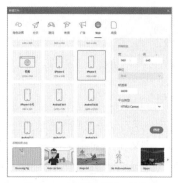

图 2-6　"新建文档"对话框

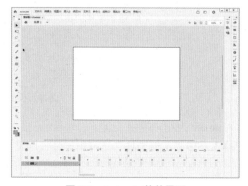

图 2-7　Animate 软件界面

Step 02 执行"窗口"→"属性"命令，在"属性"面板中修改"文档设置"参数并将"舞台"颜色修改为浅灰色，如图 2-8 所示。修改后文件尺寸如图 2-9 所示。

图 2-8　修改"文档设置"参数

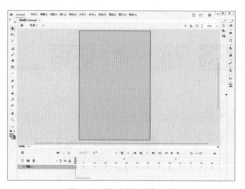

图 2-9　修改后文件尺寸

2.2 打开文件

Animate 也为用户提供了多种打开文件的方法，用户可以使用不同的方法以及用不同的文件形式将现存文件打开。

2.2.1 使用"打开"命令打开文件

执行"文件"→"打开"命令或按组合键 Ctrl+O，弹出"打开"对话框，如图 2-10 所示。用户可以在该对话框中选择需要打开的文件，单击"打开"按钮，即可将文件打开。按住 Shift 键可以选择多个相邻的文件，按住 Ctrl 键可以选择多个不相邻的文件。图

2-11 为选择多个不相邻的文件。

图 2-10　"打开"对话框　　　　　图 2-11　选择多个不相邻的文件

小技巧

在未启动 Animate 软件的情况下，可以直接找到要修改或重新编辑的文档并用鼠标双击，可以在打开文档的同时启动 Animate 软件。

2.2.2　使用"在 Bridge 中浏览"命令打开文件

执行"文件"→"在 Bridge 中浏览"命令或按组合键 Ctrl+Alt+O，用户在弹出的 Bridge 对话框中选择文件所在的文件夹，如图 2-12 所示。在该窗口中双击要打开的文件图标，即可在 Animate 中将文件打开，效果如图 2-13 所示。

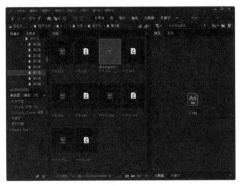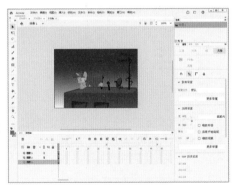

图 2-12　在 Bridge 中选择文件所在的文件夹　　　　　图 2-13　打开文件

2.2.3　打开最近的文件

执行"文件"→"打开最近的文件"命令，在其子菜单中将显示最近打开的文件名称，如图 2-14 所示。用户可以快速打开最近编辑的文件，继续对其进行编辑。

用户也可以通过单击 Animate "主页"界面底部"最近使用项"下的文件列表中的任一文件，快速打开最近编辑的文件，如图 2-15 所示。默认情况下，Animate 可以选择打开最近的 10 个文件。

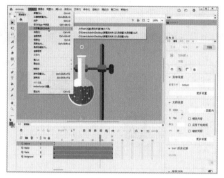

图 2-14　最近打开的文件名称

图 2-15　"最近使用项"列表

2.2.4　打开 Flash 文件

Animate 2023 继续支持曾在 Flash CS 5 中引入的 xfl 文件格式，包括压缩后的 fla 和未压缩的 xfl 文件类型。对于之前在 Animate 的任一早期版本中保存的文件，Animate 继续支持打开这类文件。支持打开的文件类型不仅包括在 Flash CS 5.5 和 Flash CS 6 中保存的 xfl 文件，还包括在 Flash CS 4 和更早版本中保存的"二进制"fla 文件。

保存文件时，Animate 继续提供相应选项，可选择是保存为 Animate 文档（.fla）还是未压缩的文档（.xfl），所生成 xfl 文件的内部将带上 Animate 文件版本的标记，如图 2-16 所示。由于 Flash CS 5.5 及后续版本均能打开"后续"版本的 xfl 文件，Flash CS 5.5 和 Flash CS 6 也都能打开 Animate 文件。因此，"另存为"对话框中"保存类型"下拉列表中没有明确表示保存为 Animate 早期版本的选项，如图 2-17 所示。

图 2-16　"另存为"对话框

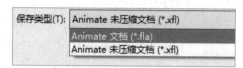

图 2-17　保存类型

> **提示**
>
> Animate 中已弃用的某些功能可能会影响之前使用 Animate 早期版本创建的文件。用户需要先使用 Animate 早期版本对这些文件进行必要的更改，然后使用新版 Animate 将其打开。

如果要打开的文件是使用 Animate 的早期版本保存的，将会弹出一条警告消息告知此情况，确认想继续进行转换后，Animate 将自动把已弃用的内容转换为支持的内容类型。发生此情况后，Animate 会显示一条警告，以便用户使用另外的文件名来保存文件。这样便可以保留一份原始文件的存档副本，其原始内容不变。

　　Animate 会扫描早期版本文件中是否有弃用内容然后予以转换，因此打开之前用 Animate 早期版本保存的文件可能会发生延迟。若想解决这一延迟问题以方便以后使用，可使用 Animate 重新保存该文件。一旦文件中加上了标记，就不再对其进行这样的扫描和转换操作，因而，文件将打开得更快。

2.3 导入文件

　　在 Animate 中不仅可以运用自身所带的工具绘制图形，还可以将外部素材导入 Animate 文件中的不同位置以辅助制作动画。

2.3.1 打开外部库

　　在 Animate 中，当前文件还可以使用其他不同文件库中的资源。执行"文件"→"导入"→"打开外部库"命令，如图 2-18 所示，弹出"打开"对话框，如图 2-19 所示。

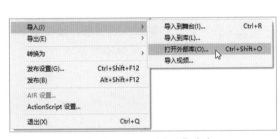

图 2-18　"打开外部库"命令　　　　　　　图 2-19　"打开"对话框

　　在该对话框中，用户可以选择所需要库资源所在的文件，单击"打开"按钮，工作区中将出现所选文件的"库"面板，而不会打开选择的文件，如图 2-20 所示。用户可将"库"面板中的元件拖曳到场景中使用，如图 2-21 所示。

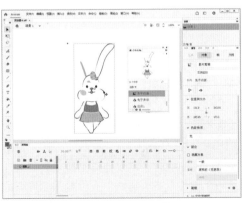

图 2-20　"库"面板　　　　　　　　　　图 2-21　使用库文件

2.3.2　导入到舞台

在 Animate 中还可以导入外部图像、音频及视频文件。执行"文件"→"导入"→"导入到舞台"命令或按组合键 Ctrl+R，弹出"导入"对话框，如图 2-22 所示。

单击该对话框中的"所有可打开的格式"下拉列表，在弹出的列表中可看到 Animate 所支持导入的文件格式，如图 2-23 所示。在该对话框中选择要导入的素材文件，单击"打开"按钮即可将其导入舞台。

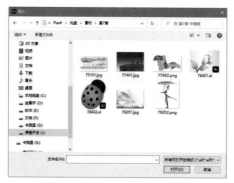

图 2-22　"导入"对话框

图 2-23　支持导入的文件格式

Animate 还支持 psd、ai 等多图层文件的导入。在"导入"对话框中选择 psd 格式的文件，单击"打开"按钮，弹出"将（所选文件）导入到舞台"对话框，如图 2-24 所示。单击"确定"按钮，文件将以多图层方式打开，"时间轴"面板如图 2-25 所示。

图 2-24　"将（所选文件）导入到舞台"
对话框

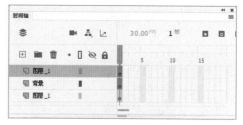

图 2-25　"时间轴"面板

2.3.3　导入到库

在 Animate 中除了可以使用"导入到舞台"命令，将素材文件导入当前文件中，还可以执行"文件"→"导入"→"导入到库"命令，将其导入"库"面板中，素材将不会在舞台中出现。

执行"窗口"→"库"命令，即可打开"库"面板，用户可以看到导入的素材并对其运用编辑等，如图 2-26 所示。

2.3.4　应用案例——导入卡通动漫视频

Step 01 执行"文件"→"新建"命令，在弹出的"新建文档"对话框中设置各项参数，如图 2-27 所示。单击"创建"按钮，角色动画文件效果如图 2-28 所示。

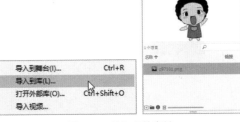

图 2-26　导入库的素材

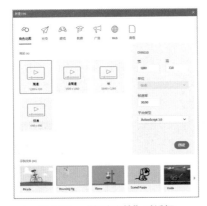

图 2-27　"新建文档"对话框

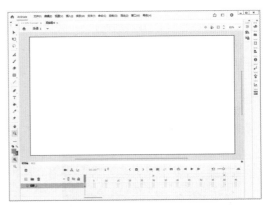

图 2-28　角色动画文件效果

Step 02 执行"文件"→"导入"→"导入视频"命令，如图 2-29 所示。单击"导入视频"对话框中的"浏览"按钮，在打开的对话框中选择"卡通风格动画 .mp4"文件，单击"打开"按钮，效果如图 2-30 所示。

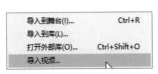

图 2-29　"导入视频"命令

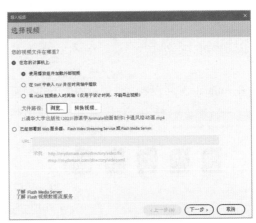

图 2-30　"导入视频"对话框

Step 03 单击"下一步"按钮，选择合适的外观，如图 2-31 所示。单击"下一步"按钮，完成视频导入，如图 2-32 所示。

图 2-31 设定外观

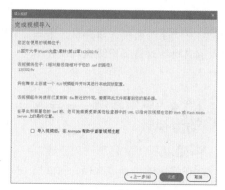

图 2-32 完成视频导入

单击"完成"按钮，视频被导入舞台中，单击工具箱中的"任意变形工具"按钮，缩放调整视频文件尺寸，效果如图 2-33 所示。按组合键 **Ctrl+Enter** 测试动画，效果如图 **2-34** 所示。

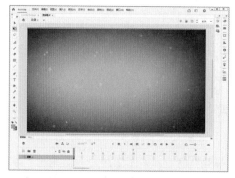

图 2-33 调整视频文件尺寸

图 2-34 测试动画效果

2.4 保存文件

在 Animate 中可以将文件以不同的方式存储为不同用途的文件，可以将其存储为系统默认的源文件格式，也可以将其存储为模板形式以方便多次运用。

2.4.1 使用"保存"命令保存文件

执行"文件"→"保存"命令或按组合键 **Ctrl+S**，弹出"另存为"对话框，如图 **2-35** 所示。在该对话框中可以设置文件名、文件保存格式及保存路径。

单击"保存"按钮，即可以设置的形式保存文件。如果文件已经被保存过一次，执行该

图 2-35 "另存为"对话框

命令则会直接保存文件，不会再次弹出"另存为"对话框。

执行"文件"→"另存为"命令，同样会弹出"另存为"对话框。该命令可以将同一个文件以不同的名称或格式存储在不同的位置。

当打开两个或两个以上的文件时，执行"文件"→"全部保存"命令，弹出"另存为"对话框，根据上述操作进行相应的设置，即可一次保存所有打开的文件。

2.4.2　使用"另存为模板"命令保存文件

执行"文件"→"另存为模板"命令，弹出"另存为模板警告"对话框，如图 2-36 所示。单击"另存为模板"按钮，清除 SWF 历史记录数据，弹出"另存为模板"对话框，如图 2-37 所示。

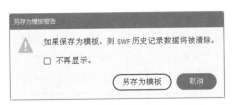

图 2-36　"另存为模板警告"对话框

图 2-37　"另存为模板"对话框

在该对话框中，可以对其名称、类别和描述进行相应设置，单击"保存"按钮，将其保存为模板，方便以后基于此模板创建新文件。

2.5　测试文件

在 Animate 中制作完动画后，往往需要测试动画效果对其进行预览。执行"控制"→"测试影片"命令，在其子菜单中用户可以选择相应的设置方法，如图 2-38 所示。执行"控制"→"测试场景"命令或按组合键 Ctrl+Alt+Enter（数字），可以单独测试某个场景中的动画，如图 2-39 所示。

图 2-38　"测试影片"菜单

图 2-39　"测试场景"菜单

2.6 发布 Animate 动画

图 2-40 "发布设置"对话框

执行"文件"→"发布"命令，即可完成 Animate 动画的发布。默认情况下，"发布"命令会在 Animate 文档存储位置创建一个 swf 文件和一个 HTML 文档，后者会将 Animate 内容插入浏览器窗口中。

执行"文件"→"发布设置"命令，弹出"发布设置"对话框，如图 2-40 所示。用户可以勾选想要发布格式前面的复选框，单击"发布"按钮或者单击"确定"按钮后再次执行"发布"命令，即可完成指定格式文件的发布。

2.6.1 应用案例——使用"发布"命令发布 SWF 文件

Step 01 执行"文件"→"打开"命令，打开素材文件"143301.fla"，效果如图 2-41 所示。执行"文件"→"发布设置"命令，弹出"发布设置"对话框，取消勾选"HTML 包装器"复选框，如图 2-42 所示。单击"输出名称"选项后的 ▬ 按钮，在弹出的"选择发布目标"对话框中选择存储位置并为输出文件命名，如图 2-43 所示。

图 2-41 打开素材文件

图 2-42 "发布设置"对话框

图 2-43 "选择发布目标"对话框

Step 02 单击"保存"按钮，"发布设置"对话框如图 2-44 所示。单击"发布"按钮，即可按"发布设置"对话框的设置，在指定文件夹中生成相应的 SWF 文件，如图 2-45 所示。

图 2-44 "发布设置"对话框中的选项

图 2-45 生成的 SWF 文件

小技巧

在使用"发布"和"测试影片"命令时，发布缓存可以存储字体和 MP3 文件，以加快 SWF 文件的创建。若要清除发布缓存，请执行"控制"→"清除发布缓存 / 清除发布缓存并测试影片"命令。

提示

用户可以发布带有调试密码的文件以确保只有可信用户才能调试。此外，执行"文件"→"发布"命令可以使用之前的发布设置参数快速发布文件。

2.6.2　应用案例——发布动态 GIF 动画

Step01 执行"文件"→"打开"命令，打开素材文件"143801.fla"，效果如图 2-46 所示。执行"文件"→"发布设置"命令，弹出"发布设置"对话框，取消勾选"Flash（.swf）"和"HTML 包装器"复选框，勾选"GIF 图像"复选框，如图 2-47 所示。

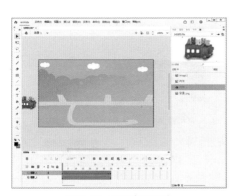

图 2-46　打开素材文件

图 2-47　"发布设置"对话框

Step02 单击"选择发布目标"按钮，在弹出的对话框中指定发布位置和文件名称，并确定"播放"文本框为"动画"，其他参数设置如图 2-48 所示。单击"发布"按钮，即可按"发布设置"对话框的设置，在指定文件夹中生成相应的 GIF 图像文件，如图 2-49 所示。

图 2-48　设置发布 GIF 图像参数

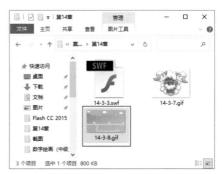

图 2-49　生成的 GIF 图像文件

2.7 导出文件

在 Animate 中可以将整个文件以不同格式的图片或视频文件导出，也可以将文件中的某个对象单独导出。Animate 的"导出"命令不会为每个文件单独存储导出设置，需要用户通过弹出的对话框手动设置。

执行"文件"→"导出"命令，用户可以在弹出的菜单中选择不同的导出命令，将动画导出为图像、影片、视频、GIF 动画和资源，如图 2-50 所示。

执行"文件"→"导出"→"导出图像（旧版）"命令，弹出"导出图像（旧版）"对话框，用户设置导出文件的"文件名"和"保存类型"后，单击"保存"按钮，即可将当前动画保存为 JPEG、GIF、PNG 或 SVG 格式文件，如图 2-51 所示。

图 2-50 "导出"菜单

执行"文件"→"导出"→"导出图像"命令，弹出"导出图像"对话框，用户在该对话框中完成对导出图像的优化操作后，单击"保存"按钮，即可将当前动画保存为 GIF、JPEG 或 PNG 格式，如图 2-52 所示。

图 2-51 "导出图像（旧版）"对话框

图 2-52 "导出图像"对话框

执行"文件"→"导出"→"导出影片"命令或按组合键 Ctrl+Alt+Shift+S，弹出"导出影片"对话框，设置导出文件的"文件名"和"保存类型"后，单击"保存"按钮，即可将当前动画保存为 SWF 影片、JPEG 序列、GIF 序列、PNG 序列或 SVG 序列，如图 2-53 所示。

执行"文件"→"导出"→"导出视频/媒体"命令，弹出"导出媒体"对话框，如图 2-54 所示。用户可在该对话框中设置媒体"渲染大小""间距""格式"和"输出"参数。

单击"导出"按钮，即可将导出视频在 Adobe Media Encoder 中打开并编码，稍等片刻，即可完成视频文件的导出，如图 2-55 所示。执行"文件"→"导出"→"导出动画 GIF"命令，弹出"导出图像"对话框，默认选择导出格式为 GIF，单击"保存"按钮，即可将动画导出为 GIF 动画，如图 2-56 所示。

提示

Adobe Media Encoder 是一个视频和音频编码应用程序，可针对不同应用程序和观众，以各种分发格式对音频和视频文档进行编码。

图 2-53　"导出影片"对话框

图 2-54　"导出媒体"对话框

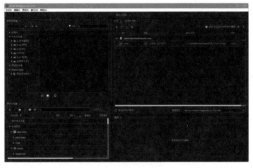

图 2-55　在 Adobe Media Encoder 中编码

图 2-56　"导出图像"对话框

执行"文件"→"导出"→"将场景导出为资源"命令，用户可在弹出的"导出资源"对话框中设置导出资源的类型并添加"标记"，如图 2-57 所示。

单击"导出"按钮，即可将场景动画导出为对象、骨骼、运动或音频资源，导出的资源文件格式为 ana，可通过"资源"面板将资源导入其他设备中，如图 2-58 所示。

图 2-57　"导出资源"对话框

图 2-58　"资源"面板

2.8　关闭文件

制作完 Animate 动画之后，用户还可以通过 Animate 提供的不同方法关闭文件。

如果要关闭当前文件，可执行"文件"→"关闭"命令或按组合键 Ctrl+W，还可以通过单击文件窗口上的"关闭"按钮关闭文件。

若要关闭当前打开的多个文件，可执行"文件"→"全部关闭"命令或按组合键 Ctrl+Alt+W，即可将其同时关闭。

小技巧

单击 Animate 软件窗口右上角的"关闭"按钮，可同时关闭软件和所有打开的文档。单击"关闭"按钮后，根据系统提示还可以对文档进行保存。

2.9 设置文件参数

在制作动画的过程中，会发现文件的一些属性不符合动画制作的要求，需要对其进

图 2-59 "文档设置"对话框

图 2-60 右键快捷菜单

行更改。执行"修改"→"文件"命令或按组合键 Ctrl+J，弹出"文档设置"对话框，如图 2-59 所示，用户可在该对话框中修改文件的各项参数。

用户也可以在场景工作区空白处右击，在弹出的快捷菜单中选择"文件"命令，如图 2-60 所示，快速打开"文档设置"对话框。

2.10 直接复制窗口

在一些特殊情况下，需要在不影响当前文件的前提下基于当前文件中的内容进行设置，可通过执行"窗口"→"直接复制窗口"命令或按组合键 Ctrl+Alt+K，直接创建当前文件的副本文件。

2.11 从错误中恢复

在动画制作的过程中，常会出现操作失误的情况，Animate 提供了"撤销"和"重做"命令，以挽回这种失误。

2.11.1 "撤销"命令

要在当前文件中撤销对个别对象或全部对象执行的动作，需要指定对象层级撤销或文件层级撤销，默认行为是文件层级撤销。执行"编辑"→"首选参数"→"编辑首选参

数"命令，弹出"首选参数"对话框，可在"常规"选项卡中查看并修改"撤销"的层级，如图2-61 所示。

执行"编辑"→"撤销"命令或按组合键Ctrl+Z，即可完成撤销一步的操作。使用对象层级撤销时不能撤销某些动作，这些动作包括进入和退出"编辑"模式；选择、编辑和移动库项目；创建、删除和移动场景。

默认情况下，Animate 的"撤销"菜单命令支持的撤销级别数为100。可以在 Animate 的"首选参数"对话框中选择撤销的级别数（从2到300）。

图 2-61　"首选参数"对话框

提示

默认情况下，在使用"编辑"→"撤销"命令撤销步骤时，文档的大小不会改变（即使从文档中删除了项目）。例如，如果将视频文档导入文档，然后撤销导入，则文档的大小仍然包含视频文档的大小。执行"撤销"命令时从文档中删除的任何项目都将保留，以便可以使用"重做"命令恢复。

2.11.2　"重做"命令

在 Animate 中"重做"命令与"撤销"命令成对出现，只有在文件中使用了"撤销"命令后，才可以使用"重做"命令。"重做"命令用以将撤销的操作重新制作。

例如，在舞台中绘制一个矩形，使用"撤销"命令将其删除，继续执行"重做"命令，舞台中将恢复删除的矩形。

2.11.3　使用"还原"命令还原文件

在编辑文件时，如果对文件编辑效果不满意，可以执行"文件"→"还原"命令，将文件一次性还原到最后一次保存的状态。

执行"文件"→"还原"命令后，系统将弹出对话框，提示用户还原操作将无法撤销，如图 2-62 所示。单击"还原"按钮，即可将文件还原到最初打开状态。

图 2-62　"是否还原？"对话框

2.12　本章小结

本章中针对 Animate CC 的文件操作知识进行讲解，帮助读者快速掌握 Animate CC 中文件的操作方法。通过学习本章内容，读者应掌握 Animate 新建文件、打开文件、导入文件、保存文件、测试文件、导出文件和关闭文件等操作，并能完成设置文件参数、直接复制窗口和从错误中恢复等操作。

第3章
颜色的设置和管理

在 Animate 中，用户可以通过不同操作方法对图形颜色进行修改，其中最常用的就是在"颜色"面板中进行设置。"颜色"面板允许用户快速修改图形的描边颜色和填充颜色，通过设置纯色、渐变色或位图等填充方式实现不同的效果。

本章知识点

（1）熟悉"颜色"面板的属性。
（2）掌握"墨水瓶工具"的使用。
（3）掌握"油漆桶工具"的使用。
（4）掌握"渐变变形工具"的使用。

3.1 笔触和填充

Animate CC 中使用各种绘图工具绘制的图形是矢量图，通常由笔触和填充两部分组成。设置图形颜色，实际上是对图形的笔触和填充分别进行填充颜色。

3.1.1 设置笔触和填充颜色

Animate 中设置"笔触颜色"和"填充颜色"的方式有很多，使用工具箱中的"笔触颜色"和"填充颜色"控件进行设置就是比较常用的操作方法。

单击工具箱底部的"笔触颜色"或"填充颜色"色块，如图 3-1 所示，在弹出的拾色器面板中选择一个颜色样本或直接输入精确的十六进制颜色值，即可完成颜色的设置与修改，如图 3-2 所示。

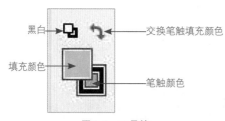

图 3-1　工具箱

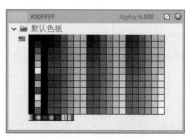

图 3-2　拾色器面板

单击"黑白"图标，即可快速将填充颜色设置为白色，笔触颜色设置为黑色。单击"交换笔触填充颜色"即可交换当前填充颜色和笔触颜色。

3.1.2 应用案例——绘制卡通云朵图形

Step 01 新建一个 550 像素 ×400 像素的文档，在"属性"面板中设置"舞台"颜色为 #33CCFF，如图 3-3 所示。单击工具箱底部的"笔触颜色"色块，设置颜色为"无"，如图 3-4 所示。

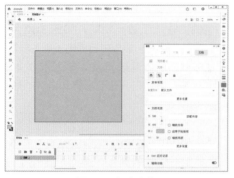

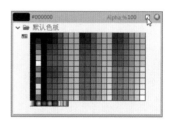

图 3-3　新建文档　　　　　　　　　　　　图 3-4　设置"笔触颜色"

Step 02 单击工具箱底部的"填充颜色"控件，设置颜色为白色，Alpha 为 80%，如图 3-5 所示。使用"椭圆工具"，在舞台中单击并拖曳绘制一个如图 3-6 所示的椭圆形。

Step 03 继续使用"椭圆工具"绘制椭圆形，效果如图 3-7 所示。

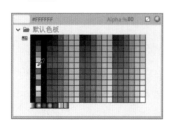　　　　

图 3-5　设置"填充颜色"　　图 3-6　绘制椭圆形　　图 3-7　继续绘制椭圆形

Step 04 在"图层 _1"名称位置右击，在弹出的快捷菜单中选择"复制图层"命令，复制"图层 _1"图层，得到"图层 _1_ 复制"图层，如图 3-8 所示。修改复制图层中图形"填充颜色"的 Alpha 值为 100%，如图 3-9 所示。

Step 05 单击工具箱中的"任意变形工具"，将图形缩小并调整其位置，完成云朵图形的绘制，效果如图 3-10 所示。

　　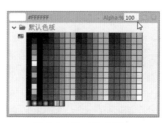　　

图 3-8　复制图层　　　　　图 3-9　修改填充颜色　　　图 3-10　云朵图形效果

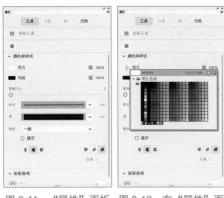

图 3-11　"属性"面板　图 3-12　在"属性"面板中设置笔触和填充颜色

3.1.3　使用"属性"面板

用户也可以在"属性"面板中对笔触颜色和填充颜色进行设置，"属性"面板中的参数会随着所选对象和工具的变化而变化。单击工具箱中的"矩形工具"按钮，执行"窗口"→"属性"命令，打开"属性"面板，如图 3-11 所示。

在"属性"面板中设置笔触和填充颜色的方法与工具箱相同，如图 3-12 所示。此外，"属性"面板中还提供了更多非常实用的参数，例如笔触宽度、笔触样式和端点形状等，方便用户绘制出更加丰富的形状。

3.1.4　使用"墨水瓶工具"

使用工具箱中的"墨水瓶工具"能够快速更改图形笔触的颜色。通过"墨水瓶工具"的"属性"面板，可以更改笔触的颜色、大小、样式和端点等属性，如图 3-13 所示。

单击工具箱中的"墨水瓶工具"按钮，在"属性"面板设置笔触的各项参数后，再单击舞台中的图形笔触，即可将设置的属性应用到图形笔触，如图 3-14 所示。

图 3-13　"墨水瓶工具"的"属性"面板　图 3-14　更改笔触

3.1.5　使用"颜料桶工具"

使用工具箱中的"颜料桶工具"能够快速填充或更改图形填充的颜色。使用"颜料桶工具"在图形需要填充的位置单击，即可填充空白区域或更改填充区域的颜色，如图 3-15 所示。用户可以使用纯色、渐变和位图填充，如图 3-16 所示。

图 3-15　使用"颜料桶工具"填充

图 3-16　渐变填充效果和位图填充效果

使用"颜料桶工具"还可以填充不完全闭合的区域，如图 3-17 所示。单击工具箱中的"颜料桶工具"按钮，再单击工具箱底部的"间隔大小"按钮，可以选择不同的填充模式，如图 3-18 所示。

图 3-17　填充不完全闭合的区域　图 3-18　"间隔大小"选项

提示

如果要在填充形状之前手动封闭空隙，请选择"不封闭空隙"。对于复杂的图形，手动封闭空隙会更快一些。如果空隙太大，可能必须手动封闭它们。

3.1.6　应用案例——调整河马头像颜色

Step 01 打开素材文件"41701.fla"，如图 3-19 所示。单击工具箱中的"颜料桶工具"按钮，设置"填充颜色"为 #E8D5F4，如图 3-20 所示。

Step 02 使用"颜料桶工具"分别单击河马的头部和耳朵部分，修改其填充颜色，效果如图 3-21 所示。设置"填充颜色"为 #CDACE3，在工具箱下方设置"间隙大小"为"封闭中等空隙"，如图 3-22 所示。

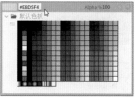

图 3-19　打开素材文件　　图 3-20　设置"填充颜色"

Step 03 使用"颜料桶工具"填充河马耳朵内侧，效果如图 3-23 所示。设置"填充颜色"为 Alpha 且为 30% 的白色，填充腮红和头部高光，效果如图 3-24 所示。

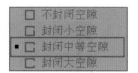

图 3-21　修改图形　　　图 3-22　选择间隙大小　　图 3-23　填充河马　　图 3-24　填充腮红
　　　"填充颜色"　　　　　　　　　　　　　　　　　耳朵内侧　　　　　和头部高光

提示

用户也可以在图形中选中需要更改颜色的笔触部分或填充部分，然后直接在工具箱中修改"笔触颜色"和"填充颜色"即可，新的颜色会自动应用到被选中的笔触或填充。

3.1.7　使用"滴管工具"

使用"滴管工具"可以从一个对象中复制填充和笔触属性，然后将其应用于其他对象。"滴管工具"还允许用户从位图图像取样用作填充。

如果要使用"滴管工具"复制填充属性，首选使用"滴管工具"单击一个图形，吸取图形的笔触和填充属性，然后再单击其他图形应用吸取到的属性，如图 3-25 所示。

图 3-25　使用"滴管工具"
复制填充属性

3.2　"颜色"面板

"颜色"面板在 Animate 动画中较为常用。"颜色"面板不但可以对"笔触颜色"和"填充颜色"进行设置，还可以设置不同的纯色、渐变色及位图，从而达到不同的绘制效果。

执行"窗口"→"颜色"命令或按组合键 Ctrl+Shift+F9，打开"颜色"面板，默认的"颜色类型"为"纯色"，如图 3-26 所示。单击"颜色类型"下拉框，在弹出的下拉

图 3-26 "颜色"面板　图 3-27 填充类型

列表中可以选择无、纯色、线性渐变、径向渐变或位图填充 5 种填充类型，如图 3-27 所示。

3.2.1 默认"样本"面板

执行"窗口"→"样本"命令或按组合键 Ctrl+F9，即可打开"样本"面板，如图 3-28 所示。单击该面板中的色块，即可将颜色设定为新的"笔触颜色"或"填充颜色"。

单击该面板右上角的■按钮，弹出面板扩展菜单，如图 3-29 所示，用户可以使用这些选项对颜色样本进行管理。

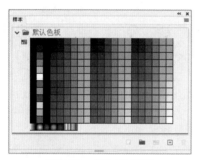

图 3-28 "样本"面板

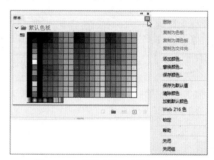

图 3-29 "样本"面板扩展菜单

小技巧

"样本"面板显示的是当前调色板中的单独颜色，而"颜色"面板能够提供更改笔触、填充颜色及创建多色渐变的选项。

执行"样本"面板扩展菜单中的"保存颜色"选项，即可将"样本"面板中的颜色导出为颜色集，供其他设备使用，如图 3-30 所示。执行"添加颜色"或"替换颜色"选项，即可将外部颜色集导入当前文件中，如图 3-31 所示。

图 3-30 导出　图 3-31 导入　图 3-32 复　图 3-33 清除
颜色集　　　颜色集　　　制、删除和恢　颜色
　　　　　　　　　　　　复默认颜色

单击选择"样本"面板中的任一颜色，在面板扩展菜单中选择"删除""复制为色板"或"加载默认颜色"选项，即可完成颜色的复制、删除和恢复默认颜色的操作，如图 3-32 所示。

选择"样本"面板扩展菜单中的"清除颜色"选项，将从调色板中删除黑色和白色以外的其他所有颜色，如图 3-33 所示。

3.2.2　应用案例——为图形填充颜色

Step01 执行"文件"→"打开"
命令，打开素材文件"42301.fla"，
如图 3-34 所示。单击工具箱底部的
"填充颜色"色块，在弹出的拾色器
中设置"填充颜色"为 #ED7A94，
如图 3-35 所示。

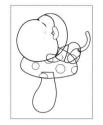
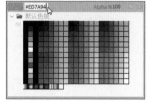

图 3-34　打开素材文件　　图 3-35　设置"填充颜色"

小技巧

用户也可以在"颜色"面板中设置"填充颜色"，操作方法和效果是一样的。

Step02 使用"颜料桶工具"，在蘑菇图形位置单击，将其填充为粉红色，如图 3-36
所示。设置"填充颜色"为 #F9D0BA，为猴子身体填充颜色，效果如图 3-37 所示。

Step03 使用相同方法，为猴子的短裤填充白色，并将手臂处不需要的线条删除，如
图 3-38 所示。填充完成后选中并删除蘑菇圆点的描边，填充效果如图 3-39 所示。

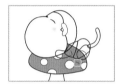

图 3-36　为蘑菇　　图 3-37　为猴子身体填充　　图 3-38　填充短裤　　图 3-39　填充
图形填色　　　　　　颜色　　　　　　　　　　并删除多余描边　　　　效果

3.3 使用渐变填充

渐变填充是从一种颜色平滑过渡到另一种颜色填充的效果，Animate 允许用户创建
包含多达 15 种颜色的渐变色，以制作出丰富多变的图形效果。

Animate 中的渐变包括"线性渐变"和"径向渐变"两种，用户可以在"颜色"面板
中设置需要的渐变色。

3.3.1　线性渐变填充

线性渐变填充可以实现沿着一根轴线
（水平或垂直）改变颜色的填充效果，如
图 3-40 所示。在"颜色"面板的"颜色类
型"下拉列表中选择"线性渐变"选项，
即可显示线性渐变的相关参数，如图 3-41
所示。

图 3-40　线性渐变填充　　图 3-41　"线性渐
效果　　　　　　　　　　　变"填充

小技巧

如果想将设置的渐变保存起来重复使用，可以单击"颜色"面板右上角的▤按钮，然后在弹出的菜单中选择"添加样本"选项，即可将渐变保存到"样本"面板中。

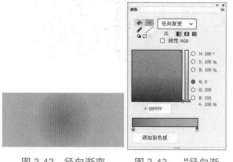

图 3-42　径向渐变
填充效果

图 3-43　"径向渐
变"填充

3.3.2　径向渐变填充

径向渐变填充可以实现从一个中心焦点向外改变颜色的填充效果，如图 3-42 所示。在"颜色"面板的"颜色类型"下拉列表中选择"径向渐变"选项，即可显示径向渐变相关的参数，如图 3-43 所示。

3.3.3　渐变填充的编辑

使工具箱中的"渐变变形工具"，可以调整渐变填充的范围、方向和中心等属性，获得更符合用户需求的渐变效果。

小技巧

如果在工具箱中看不到"渐变变形工具"，可以单击并按住"任意变形工具"按钮，然后从展开的工具组中选择"渐变变形工具"。也可以按 F 键，快速激活"渐变变形工具"。

选中填充了渐变的图形，单击工具箱中的"渐变变形工具"按钮▤，图形将显示一个带有编辑手柄的边框，如图 3-44 所示。将光标移动到不同的手柄上，按下鼠标左键拖曳，即可完成调整渐变中心、旋转渐变、缩放渐变和改变渐变比例的操作，如图 3-45 所示。

如果图形填充的是线性渐变，当使用"渐变变形工具"时，渐变编辑边框效果如图 3-46 所示。拖动控制手柄，可以调整渐变的角度、范围和中心点，如图 3-47 所示。

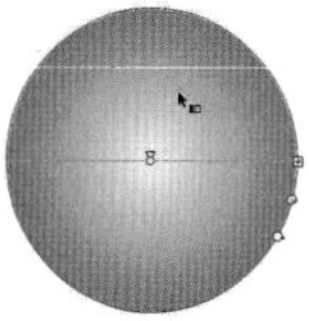

图 3-44　渐变编辑
边框

图 3-45　调整渐变效果

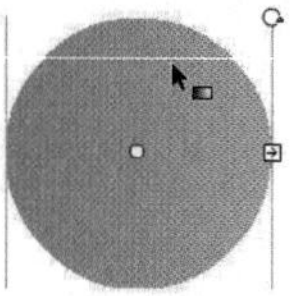

图 3-46　线性渐变
编辑边框

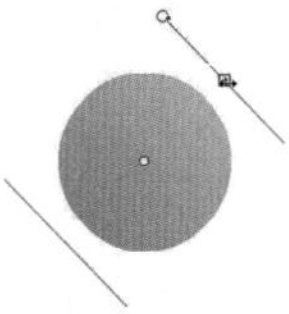

图 3-47　调整线性
渐变效果

用户可以在"颜色"面板中为渐变填充设置不同的"流"，以实现不同的填充效果，Animate 为用户提供了扩展颜色、反射颜色和重复颜色 3 种流，如图 3-48 所示。图 3-49 所示为选项"重复颜色"流的填充效果。

图 3-48　3 种流

图 3-49　"重复颜色"流的填充效果

3.3.4　应用案例——绘制开始按钮

Step 01 执行"文件"→"新建"命令，在弹出的"新建文档"对话框中设置各项参数，如图 3-50 所示。单击"创建"按钮，新建一个 Animate 文件，如图 3-51 所示。单击"确定"按钮，新建一个"图形"元件。

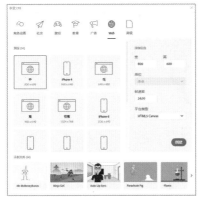

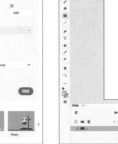

图 3-50　新建文件　　　　　　　　　　图 3-51　新建一个 Animate 文件

Step 02 单击工具箱中的"椭圆工具"按钮，再单击工具箱底部的"对象绘制"按钮，激活"对象绘制"模式，如图 3-52 所示。在"颜色"面板中设置"填充颜色"为从 #FFFF00 到 #FF9900 的"线性渐变"，如图 3-53 所示。

Step 03 在画布中拖曳绘制一个正圆形，效果如图 3-54 所示。单击工具箱中的"选择工具"按钮，按住 Alt 键的同时拖曳复制圆形，如图 3-55 所示。

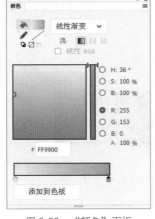

图 3-52　激活　　　图 3-53　"颜色"面板　　　图 3-54　绘制正圆形　　　图 3-55　拖曳复制圆形
"对象绘制"模式

Step 04 单击工具箱中的"任意变形工具"按钮，旋转并调整圆形的大小并移动到如图 3-56 所示位置。单击工具箱中的"文本工具"按钮，在舞台中单击并输入如图 3-57 所示文字。

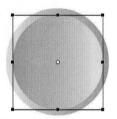

图 3-56　调整图形　　　　　　　　　图 3-57　输入文字

3.4　使用位图填充

　　用户还可以使用位图填充图形，在"颜色"面板中选择"位图填充"选项，在弹出的"导入到库"面板中选择要填充的位图，单击"打开"按钮，即可完成位图填充的操作，填充效果如图 3-58 所示。"颜色"面板如图 3-59 所示。

　　使用"渐变填充工具"在位图填充的图形上单击，将显示一个带有编辑手柄的边框，如图 3-60 所示，通过拖动手柄可以改变位图填充的大小、中心、旋转角度和倾斜角度，调整后的效果如图 3-61 所示。

图 3-58　位图填充效果　图 3-59　"颜色"面板　图 3-60　位图填充边框　图 3-61　调整位图填充
　　　　　　　　　　　　　　　　　　　　　　　　　　　　　　　　　　　　效果

3.5　锁定填充

　　用户可以锁定渐变色或位图填充，使填充看起来好像扩展到整个舞台，使用这种方式填充颜色可以显示下层渐变或位图内容的遮罩。

3.5.1　应用案例——锁定的渐变填充

Step01 打开素材文件 "45101.fla"，如图 3-62 所示。在 "颜色" 面板中设置 "填充颜色" 为从 #00CCCC 到 #33CC66 的线性渐变，如图 3-63 所示。

Step02 使用 "选择工具" 拖曳选中所有矩形，使用 "颜料桶工具"，在矩形上依次单击，填充效果如图 3-64 所示。单击工具箱底部的 "锁定填充" 按钮，再次在矩形上单击，填充效果如图 3-65 所示。

Step03 使用 "渐变变形工具"，调整线性渐变填充的角度和范围，效果如图 3-66 所示。

图 3-62　打开素材文件　　图 3-63　　"颜色" 面板

图 3-64　填充效果

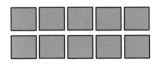

图 3-65　"锁定填充" 填充效果

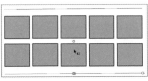

图 3-66　调整渐变填充效果

3.5.2　使用锁定的位图填充

如果使用 "颜料桶工具" 时启用了 "锁定填充" 功能，填充的位图将扩至舞台中的涂色对象。未锁定填充与锁定填充效果如图 3-67 所示。

图 3-67　未锁定填充与锁定填充效果

3.6　本章小结

通过本章的学习，读者应掌握 Adobe Animate 中颜色设置与管理的方法与技巧，掌握图形的笔触与填充的设置方法，掌握 "墨水瓶工具" "颜料桶工具" 和 "滴管工具" 的使用方法，并能对图形完成线性渐变、径向渐变和位图填充操作，实现丰富的填充效果。

第 4 章
图形的绘制和编辑

　　Animate 拥有强大的矢量绘图功能。通过使用不同的绘图工具，配合使用多种编辑命令和编辑工具，可以制作出精美的矢量图形。在 Animate 中还可以对图形对象进行规则的排列，从而制作出更加精准的图形。本章将带领读者进入 Animate 的奇妙绘图世界。

本章知识点

（1）掌握路径和绘图模式的概念。
（2）掌握绘制和编辑简单形状的方法。
（3）掌握"铅笔工具"和"画笔工具"的使用。
（4）掌握"钢笔工具"绘制和调整图形的方法。
（5）熟悉删除舞台上内容的方法。

4.1　了解路径

　　在 Animate 中绘制的图形由路径组成。路径由一个或多个直线段或曲线段组成，每个线段的起点和终点由锚点标识。如图 4-1 所示。路径既可以是闭合的，也可以是开放的，有明显的终点。

　　路径的锚点分为角点和平滑点。角点路径具有明显的转折效果；而平滑点路径则过渡自然，线条平滑；也可以组合使用这两种锚点，如图 4-2 所示。

　　选择连接曲线段的锚点时，连接线段的锚点会显示方向手柄，如图 4-3 所示。方向手柄由方向线组成，方向线在方向点处结束。方向线的角度和长度决定曲线段的形状和大小，移动方向点将改变曲线形状，方向线不显示在最终输出上。

起点　　终点

（角点路径）　（平滑点路径）　（组合路径）

图 4-1　路径　　　　　　　图 4-2　路径的分类　　　　　图 4-3　方向手柄

　　平滑点始终具有两条方向线，方向线始终与锚点处的曲线相切。每条方向线的角度决定曲线的斜率，而每条方向线的长度决定曲线的高度或深度。在平滑点上移动方向线时，点两侧的曲线段将同步调整，保持该锚点处的连续曲线。

4.2　熟悉绘制模式

在 Animate 中，用户可以使用不同的绘制模式和绘画工具创建不同的图形对象。了解每种图形对象类型的功能，可以就使用何种类型对象做出最佳决定。

在默认绘制模式下，重叠绘制形状时，形状会自动进行计算。当绘制在同一图层中的图形颜色不同并重叠时，最顶层的形状会截去在其下面与其重叠的形状部分，如图 4-4 所示。当绘制在同一图层中图形颜色相同并重叠时，两个图形则会合并，如图 4-5 所示。

当形状既包含笔触又包含填充时，笔触和填充可以被单独选择或移动，如图 4-6 所示。

图 4-4　不同颜色图形　　图 4-5　相同颜色叠加　　　　图 4-6　笔触与填充单独移动
　　　　叠加

选择任意绘图工具，单击工具箱底部的"对象绘制"按钮 ⬤，激活对象绘制模式，此时绘制的图形在叠加时不会自动合并在一起。Animate 将每个形状创建为单独的对象，可以分别进行处理，如图 4-7 所示。

技术看板

按键盘上的【J】键，可以在"合并绘制"与"对象绘制"模式间快速进行切换。

当在合并绘制模式下绘制时，重叠直线会将底部图形分割成多个部分。同种颜色的图形将会合并在一起，不同颜色的图形将保持不同。使用"选择工具"可以分别选择、移动并改变其形状，如图 4-8 所示。

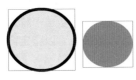 

图 4-7　对象绘制模式图形　　　　　图 4-8　重叠形状

4.3　绘制简单线段和形状

Animate 具有强大的绘图功能，用户可以根据不同的需要，使用不同的绘图工具，绘制出各不相同的图形对象。本节将向读者介绍如何使用 Animate 各种常用工具绘制最基本的图形。

图 4-9 "属性"面板

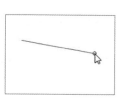

图 4-10 绘制线条

4.3.1 使用"线条工具"

使用"线条工具"可以绘制一条直线段。单击工具箱中的"线条工具"按钮 ，在"属性"面板中设置笔触属性，包括笔触的颜色、样式、宽、缩放等属性，如图 4-9 所示。

将光标移动到画布中，按下鼠标左键确定线条起点，拖曳移动光标到线条终点后松开鼠标左键，即可完成线条的绘制，如图 4-10 所示。

小技巧

按 Shift 键的同时绘制线条，将线条的角度限制为 45° 的倍数。

4.3.2 绘制矩形和椭圆

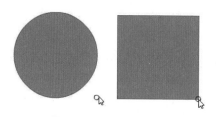

图 4-11 绘制椭圆或矩形

使用"椭圆工具"和"矩形工具"可以创建椭圆或矩形几何形状。单击工具箱中的"矩形工具"按钮 或"椭圆工具"按钮 ，将光标移动到画布中，按下鼠标左键的同时拖曳，松开鼠标左键，即可完成一个矩形或椭圆图形的绘制，如图 4-11 所示。

小技巧

按住 Shift 键，使用"椭圆工具"在舞台中拖曳，可绘制正圆形；按住 Alt 键，在舞台中拖曳，可绘制以单击点为中心向四周扩散的椭圆形。

单击工具箱中的"椭圆工具"按钮或"矩形工具"按钮，按住 Alt 键的同时在舞台空白位置单击鼠标左键，将弹出"椭圆设置"或"矩形设置"对话框，如图 4-12 所示。在该对话框中可以指定图形的宽和高，以及是否从中心绘制。当宽和高数值一样，将按指定的宽高绘制正圆形或正方形。在"边角半径"文本框中输入数值，可以指定圆角矩形的边角半径。

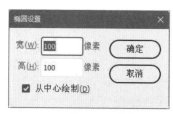

图 4-12 "椭圆设置"和"矩形设置"对话框

小技巧

　　"矩形工具"与"椭圆工具"使用方法有很多相似之处。在使用"矩形工具"绘制矩形时，拖动鼠标的同时按"↑""↓"方向键，可一边绘制矩形一边调整圆角半径。

　　使用"基本矩形工具"或"基本椭圆工具"创建矩形或椭圆时，Animate 会将形状作为单独的对象来绘制。

　　基本形状工具允许用户使用"属性"面板中的控件来指定矩形的角半径；还可以指定椭圆的起始角度和结束角度以及内径，如图 4-13 所示。创建基本形状后，可以选择舞台上的形状，然后调整属性检查器中的控件来更改半径和尺寸。

图 4-13　基本形状工具

4.3.3　应用案例——绘制美丽的彩虹

　　Step 01 新建一个 Animate 文件，单击工具箱中的"基本椭圆工具"按钮，在"属性"面板中设置其"填充"颜色为 #FF0000，"笔触"颜色为"无"，如图 4-14 所示。在舞台中拖曳绘制一个圆形，效果如图 4-15 所示。

　　Step 02 在"属性"面板中设置"椭圆选项"中"开始角度"和"内径"的数值，如图 4-16 所示。调整数值后的圆形效果如图 4-17 所示。

图 4-14　"属性"面板　　图 4-15　绘制圆形　　图 4-16　设置数值　　图 4-17　调整数值后的圆形效果

　　Step 03 单击"时间轴"面板上的"新建图层"按钮，新建"图层_2"，继续使用相同的方法绘制一个"填充"颜色为 #FF6600 的图形，效果如图 4-18 所示。继续使用相同的方法，新建图层并绘制图形，效果如图 4-19 所示。

Step 04 新建一个图层并拖曳调整位置到所有图层下方，设置"填充颜色"为从 #00A1EE 到 # FFFFFF 的"线性渐变"，如图 4-20 所示。使用"矩形工具"在场景中绘制一个矩形，使用"渐变变形工具"调整渐变方向和范围，效果如图 4-21 所示。

图 4-18　新建图层绘制图形

图 4-19　使用相同方法绘制其他图形

图 4-20　设置填充颜色

图 4-21　绘制矩形

图 4-22　绘制椭圆效果

Step 05 在所有图层上方新建图层，设置"填充"颜色为白色，使用"拖曳工具"在舞台上绘制多个椭圆，完成效果如图 4-22 所示。

4.3.4　绘制多边形和星形

单击工具箱中的"多角星形工具"按钮 ，在画布中拖曳即可绘制一个系统默认的正五边形，如图 4-23 所示。用户可以在"属性"面板中设置多边形的"边数"，如图 4-24 所示。

图 4-23　绘制正五边形

图 4-24　设置多边形的边数

单击"属性"面板"工具"选项下"样式"下拉列表框，在弹出的下拉列表中选择"星形"选项，如图 4-25 所示。设置星形的"边数"和"星形顶点大小"后，在画布中拖曳，即可完成星形图形的绘制，效果如图 4-26 所示。

图 4-25　选择"星形"选项

图 4-26　绘制星形

> **小技巧**
>
> "星形顶点大小"的数值越接近 0，创建的顶点就越深（像针一样）。如果是绘制多边形，应保持此设置不变，它不会影响多边形的形状。

4.4 改变线条和形状

在 Animate 中可以对已绘制的图形进行修改调整等二次加工，除了可以对形状的整体进行修改外，还可以调整形状的微小细节，也可以对图形进行优化处理等操作，使图形效果更加完善。

4.4.1 使用"选择工具"

使用 Animate 中的"选择工具"不仅可以选择并移动图形对象，还可以改变线条或形状的轮廓。单击工具箱中的"选择工具"按钮，将光标放置在图形对象的边缘，光标右下方出现一条弧线，如图 4-27 所示。按下鼠标左键并拖曳，可改变图形的轮廓，效果如图 4-28 所示。

将光标移至图形的锚点上，光标右下方出现一个拐角，如图 4-29 所示。按下鼠标左键并拖曳，可调整锚点的位置，效果如图 4-30 所示。

图 4-27 光标右下方　　图 4-28 改变图形　　图 4-29 光标右下方　　图 4-30 调整锚点的位置
出现一条弧线　　　　　的轮廓　　　　　　出现一个拐角

4.4.2 应用案例——绘制紫色茄子图形

Step 01 新建一个 Animate 文件，单击工具箱中的"线条工具"按钮，在"属性"面板中设置"笔触大小"为 5，"笔触"颜色为黑色，使用"线条工具"绘制茄子的轮廓，如图 4-31 所示。使用"选择工具"调整线条轮廓，效果如图 4-32 所示。

Step 02 单击工具箱中的"颜料桶工具"按钮，在"属性"面板中设置"填充颜色"为 #9900CC，在图形上单击为其填充颜色，效果如图 4-33 所示。

图 4-31 绘制茄子轮廓　　　　　图 4-32 调整图像轮廓　　　　　图 4-33 填充颜色

Step03 单击"时间轴"面板上的"新建图层"按钮⊞，新建 "图层 _2"图层，如图 4-34 所示。设置"笔触"颜色为白色，使用"线条工具"绘制如图 4-35 所示的线条。使用"选择工具"调整线条轮廓，效果如图 4-36 所示。

图 4-34　新建图层　　　　　　图 4-35　绘制线条　　　图 4-36　调整线条轮廓

图 4-37　绘制茄子蒂　图 4-38　绘制完成效果

Step04 新建"图层 _3"图层，继续使用相同的方法绘制茄子蒂，效果如图 4-37 所示。执行"文件"→"保存"命令将文件保存，绘制完成效果如图 4-38 所示。

4.4.3　优化曲线

优化功能通过改进曲线和填充轮廓，减少用于定义这些元素的曲线数量，获得平滑曲线的效果。优化曲线可以减小 Animate 文件（FLA 文件）和导出的应用程序（SWF 文件）的体积大小。Animate 允许对相同元素进行多次优化。

执行"修改"→"形状"→"优化"命令或按组合键 Ctrl+Alt+Shift+C，弹出"优化曲线"对话框，如图 4-39 所示。设置"优化强度"数值后，单击"确定"按钮，即可完成曲线优化操作。一般来说，优化可以减少曲线数量，但会与原始轮廓稍有不同。

如果勾选了"优化曲线"对话框中的"显示总计消息"复选框，单击"确定"按钮后弹出提示框显示优化前后选定内容中的段数，如图 4-40 所示。

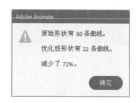

图 4-39　"优化曲线"对话框　　　　　　图 4-40　显示总计信息

4.4.4　修改形状

通过修改形状，可以完成笔触与填充的转换以及柔化填充边缘，获得更丰富的图形效果。

● 将线条转换为填充

在一些特殊情况下，需要将笔触转换成填充，使其拥有填充属性以对其进行编辑。选择一条或多条线条，如图 4-41 所示。执行"修改"→"形状"→"将线条转换为填充"命令，即可将线条转换为填充，如图 4-42 所示。

图 4-41 选择线条

图 4-42 将线条转换为填充

提示

将线条转换为填充可能会增大文件大小，但同时可以加快一些动画的绘制。

- 柔化填充边缘

选择一个填充形状，执行"修改"→"形状"→"柔化填充边缘"命令，弹出"柔化填充边缘"对话框，如图 4-43 所示。设置柔化距离和步长数后，单击"确定"按钮，即可完成形状对象柔化填充边缘的操作，效果如图 4-44 所示。

图 4-43 "柔化填充边缘"对话框　图 4-44 柔化填充边缘效果

"柔化填充边缘"命令可以使填充形状对象边缘产生类似模糊的效果，使图形的边缘变得柔和。

提示

扩展填充功能在没有笔触且不包含很多细节的小型单色填充形状上使用效果最好。另外，如果填充对象包括笔触，执行该命令后，笔触将消失。

4.5 使用"宽度工具"

宽度工具允许用户通过变化粗细度来修饰笔触。用户还可以将可变宽度另存为宽度配置文件，以便应用到其他笔触。

单击工具箱中的"宽度工具"按钮，将光标移到笔触上，显示潜在的宽度点数和宽度手柄，如图 4-45 所示。按下鼠标左键向外拖曳，即可更改笔触宽度，如图 4-46 所示。

图 4-45 显示宽度点数和宽度手柄　图 4-46 更改笔触宽度

松开鼠标左键，笔触效果如图 4-47 所示。继续使用相同的方法向内拖曳，笔触效果如图 4-48 所示。

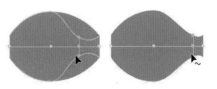

图 4-47 更改笔触宽度　　　　图 4-48 向内更改笔触宽度

选中笔触，单击"属性"面板中"颜色和样式"选项下"宽"文本框后的宽度配置文件选项按钮 ···，在弹出的下拉列表中选择"添加到配置文件"选项，如图 4-49 所示。在弹出的"可变宽度配置文件"对话框中设置"配置文件名称"，如图 4-50 所示。

图 4-49　"添加到配置文件"选项

图 4-50　在"配置文件名称"中输入名称

单击"确定"按钮，即可完成自定义配置文件的操作，用户可在"宽"下拉列表中找到该文件，如图 4-51 所示。用户可以将该配置文件应用到其他笔触上，效果如图 4-52 所示。

图 4-51　自定义配置文件　　图 4-52　应用配置文件

4.6　使用"铅笔工具"和"画笔工具"

Adobe Animate 中，用户可以使用"铅笔工具"和"画笔工具"自由绘制想要的图形和场景。按照功能和使用场景的不同，"画笔工具"又被分为"画笔工具""传统画笔工具"和"流畅画笔工具"。

4.6.1　使用"铅笔工具"

如果要绘制比较随意的线条，可以使用"铅笔工具"，该工具的绘画方式与使用真实铅笔大致相同。单击工具箱中的"铅笔工具"按钮 ✐，如图 4-53 所示，在"属性"面板中设置笔触的"颜色和样式"后，在画布中按下鼠标左键拖曳即可绘制线条，鼠标运动的轨迹即绘制的线条，如图 4-54 所示。

图 4-53　"属性"面板　　　图 4-54　绘制线条

提示

如果"铅笔工具"和"画笔工具"没有显示在工具箱中，单击工具箱上的"编辑工具栏"按钮 ···，在弹出的"拖放工具"面板中找到"铅笔工具"和"画笔工具"并直接拖曳到工具箱中即可。

使用"铅笔工具"绘制线条时，按住 Shift 键，可将线条控制在水平或垂直方向。

使用该工具时，工具箱底部的"选项"区域会出现"铅笔模式"选项，其中包括"伸直""平滑"和"墨水"，如图 4-55 所示。

图 4-55　"铅笔模式"选项

- 伸直

伸直操作可以将已经绘制完成的线条拉直。使用"选择工具"将绘制的线条选中，如图 4-56 所示。单击工具箱底部的"伸直"按钮↳，即可将选中的线条拉直，效果如图 4-57 所示。

- 平滑

平滑操作可以使曲线变柔和并减少曲线整体方向上的突起或其他变化。同时还会减少曲线中的线段数，从而得到一条更易于改变形状的柔和曲线。不过，平滑只是相对的，它并不影响直线段。

使用"选择工具"选中绘制的线条，如图 4-58 所示。单击工具箱底部的"平滑"按钮↳，即可将线段变得更加平滑，如图 4-59 所示。

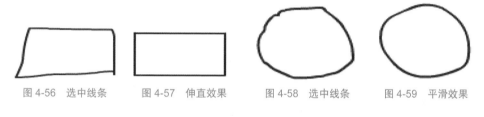

图 4-56　选中线条　　　图 4-57　伸直效果　　　图 4-58　选中线条　　　图 4-59　平滑效果

根据每条线段的原始曲直程度，重复应用平滑或伸直操作会使线段更加平滑或更加平直。另外，用户还可以通过"修改"→"形状"→"平滑"和"修改"→"形状"→"伸直"命令，执行此操作。

用户还可以对图形进行更精确的平滑和伸直操作。执行"修改"→"形状"→"高级平滑"命令或按组合键 Ctrl+Alt+Shift+M，弹出"高级平滑"对话框，如图 4-60 所示，在该对话框中可以精确控制平滑的数值。

执行"修改"→"形状"→"高级伸直"命令或按组合键 Ctrl+Alt+Shift+N，弹出"高级伸直"对话框，如图 4-61 所示，在该对话框中可以精确控制伸直的数值。

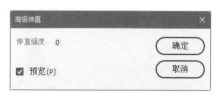

图 4-60　"高级平滑"对话框　　　　　　图 4-61　"高级伸直"对话框

图 4-62　"属性"面板

图 4-63　使用"画笔工具"绘制

4.6.2　使用"画笔工具"

使用"画笔工具"可以在项目中创建更为自然的作品。单击工具箱中的"画笔工具"按钮，在"属性"面板中设置笔触的"颜色和样式"等参数，如图 4-62 所示。将光标移动到画布中按下鼠标左键拖曳即可使用"画笔工具"绘制，如图 4-63 所示。

单击"画笔类型"按钮，用户可以在弹出的下拉列表中选择不同的画笔类型，绘制丰富的图形效果，如图 4-64 所示。单击"添加自定义画笔形状"按钮，在弹出的"笔尖选项"对话框中设置新画笔的角度和平度，如图 4-65 所示。单击"确定"按钮即可完成自定义画笔形状的创建。自定义的画笔将显示在画笔类型下拉列表中，如图 4-66 所示。

图 4-64　画笔类型

图 4-65　"笔尖选项"对话框

图 4-66　新画笔类型

4.6.3　使用"传统画笔工具"

"传统画笔工具"与"铅笔工具"的用法非常相似，唯一的区别在于，"铅笔工具"绘制的是笔触，而"传统画笔工具"绘制的是填充属性。

图 4-67　"属性"面板

图 4-68　"传统画笔工具"绘制效果

单击工具箱中的"传统画笔工具"按钮，在"属性"面板中设置画笔的"填充""画笔类型""大小""平滑"等属性，如图 4-67 所示。将光标移动到画布中，按下鼠标左键拖曳，即可使用"传统画笔工具"绘制图形，如图 4-68 所示。

Animate 为用户提供了 5 种画笔模式，帮助用户绘制更丰富的图形效果。单击工具箱中的"传统画笔工具"按钮，单击工具箱底部"画笔模式"按钮，用户可在弹出的面板中选择适用的绘制模式，如图 4-69 所示。

图 4-69　画笔模式

- 标准绘画：可对同一层的线条和填充涂色。
- 仅绘制填充：仅绘制填充，跳过对笔触和空区域的绘制。
- 后面绘画：在舞台上同一层的空白区域涂色，不影响线条和填充。
- 颜料选择：在"填充颜色"色块或"属性"面板中的"填充"框中选择填充颜色时，新的填充将应用到选区中，就像选中填充区域然后应用新填充一样。
- 内部绘画：只对图形的填充进行涂色，不影响笔触涂色。如果在空白区域涂色，则填充不会影响任何现有填充区域。

4.6.4　使用"流畅画笔工具"

"流畅画笔工具"是一种基于 GPU 的矢量画笔。此类画笔与 Adobe Fresco 相同，并且具有更多用于配置线条样式的选项。此类画笔基于 GPU，因此在受支持的平台上具有更高的性能。

单击工具箱中的"流畅画笔工具"按钮 ，在"属性"面板中除了可以设置画笔的大小、锥度、角度和圆度外，该工具还提供以下选项，如图 4-70 所示。

图 4-70　"属性"面板

- 稳定器：在绘制笔触时可避免轻微的波动和变化。
- 曲线平滑：有助于减少在绘制笔触后生成的总体控制点数量。
- 速度：根据线条的绘制速度确定笔触的外观。
- 压力：根据画笔的压力调整笔触。

> **提示**
>
> 由于"流畅画笔工具"是基于 GPU 的画笔，所以需要满足 Windows 系统中 GPU 需兼容 DirectX 12（具有功能级别 12_0 支持）、Mac 系统中 GUP 需兼容 Metal 的最低硬件要求才能正常工作，否则工具箱中该工具将显示为灰色，即"禁用"状态。

4.6.5　应用案例——绘制浪漫月夜场景

Step 01 新建一个尺寸为 550 像素 ×400 像素的 Animate 文档，"舞台"背景颜色为 #8F8AD0，如图 4-71 所示。设置"填充"颜色为 #FFFFDB，"笔触"颜色为"无"，使用"椭圆工具"绘制一个圆形，如图 4-72 所示。任意修改"填充"颜色，再次绘制一个圆形，如图 4-73 所示。

Step 02 取消选择图形，再次选中后绘制的圆形并将其删除，效果如图 4-74 所示。选中月牙图形，执行"修改"→"形状"→"柔化填充边缘"命令，在弹出的"柔化填充边缘"对话框中设置各项参数，如图 4-75 所示。单击"确定"按钮，图形效果如图 4-76 所示。

Step 03 执行"插入"→"新建元件"命令，新建一个"名称"为"头部"的"图形"元件，如图 4-77 所示。使用"线条工具"和"选择工具"绘制头部轮廓，如图 4-78 所示。设置"填充"颜色为 #6964AD，使用"颜料桶工具"填充轮廓并删除笔触，效果如图 4-79 所示。

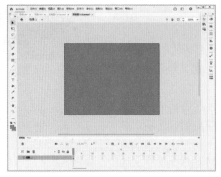

图 4-71 新建文档

图 4-72 绘制圆形

图 4-73 再次绘制圆形

图 4-74 删除重叠图形效果

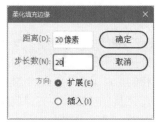

图 4-75 "柔化填充边缘"对话框

图 4-76 柔化填充边缘

图 4-77 新建图形元件

图 4-78 绘制头部轮廓

图 4-79 填充轮廓

Step04 新建图层，设置"填充颜色"为 #FEE6CE，使用相同方法绘制面部轮廓，效果如图 4-80 所示。继续新建图层，使用"椭圆工具""线条工具"和"选择工具"绘制人物五官，效果如图 4-81 所示。

Step05 新建图层，设置"填充"颜色为白色，使用"钢笔工具"绘制如图 4-82 所示头巾图形。使用"套索工具"选中并删除多余部分，效果如图 4-83 所示。新建图层，设置"填充"颜色为 #6964AD，使用"钢笔工具"绘制如图 4-84 所示的图形。

图 4-80 绘制
面部轮廓

图 4-81 绘制人物五官

图 4-82 绘制头
巾图形

图 4-83 选中
并删除图形

图 4-84 绘制图形

Step06 新建图层，设置"填充"颜色为白色，继续使用"钢笔工具"绘制如图 4-85 所示的图形。在所有图层下方新建图层，设置"填充"颜色为 #D4D2ED，使用"椭圆工具"绘制椭圆,效果如图 4-86 所示。使用"选择工具"和"套索工具"调整图形轮廓,效果如图 4-87 所示。

Step07 新建图层,设置"填充"颜色为 #8D8BC1,使用"传统画笔工具"绘制图形,如图 4-88 所示。新建一个"名称"为"翅膀"的"图形"元件,设置"填充"颜色为 #6964AD,使用"钢笔工具"绘制翅膀轮廓,如图 4-89 所示。

图 4-85　绘制白色图形

图 4-86　绘制椭圆

图 4-87　调整图形轮廓

图 4-88　绘制图形

图 4-89　绘制翅膀轮廓

Step08 新建图层,修改"填充"颜色为 #D9F1F7,继续绘制如图 4-90 所示的图形。新建图层,设置"填充颜色"为 #8F8AD0,使用"传统画笔工具"绘制如图 4-91 所示的图形。新建图层,使用相同方法绘制另一侧图形,如图 4-92 所示。

图 4-90　继续绘制图形

图 4-91　绘制翅膀细节

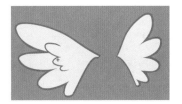
图 4-92　绘制另一侧图形

Step09 新建一个名称为"身体"的"图形"元件,设置"填充"颜色为 #8D88C1,使用"钢笔工具"绘制身体轮廓,如图 4-93 所示。新建图层,采用相同的方法继续绘制身体的其他细节,完成效果如图 4-94 所示。

Step10 返回场景中,依次将"头部""翅膀""身体"元件从"库"面板中拖曳到舞台中并对齐,完成浪漫月夜场景的绘制,效果如图 4-95 所示。

图 4-93　绘制身体轮廓

图 4-94　绘制身体细节

图 4-95　烂漫月夜场景效果

4.7　使用"钢笔工具"绘图

如果需要绘制精确的路径,如平滑流畅的曲线,可以使用"钢笔工具"。使用"钢笔工具"绘画时，单击可以创建直线段上的锚点，而拖曳可以创建曲线段上的锚点。绘制完路径后，可以通过调整路径上的锚点来调整直线段和曲线段。

4.7.1 使用"钢笔工具"绘制

使用"钢笔工具"可以绘制的最简单路径就是直线，通过使用"钢笔工具"在场景中不同位置单击即可创建带有两个锚点的直线路径，如图 4-96 所示，继续在其他位置单击可创建由直线锚点连接的直线段组成的路径，如图 4-97 所示。

在绘制直线路径的过程中，按住 Shift 键可将路径的角度限制为 45°的倍数。如果要创建曲线路径，可以使用"钢笔工具"在场景中拖曳，即可拖出构成曲线的方向线，方向线的长度和斜率决定了曲线路径的形状，如图 4-98 所示。

图 4-96　直线路径　　图 4-97　转角点连接的路径　　　　图 4-98　曲线路径

4.7.2 添加或删除锚点

添加锚点可使用户更好地控制路径，但是，最好不要添加不必要的锚点。锚点越少的路径越容易编辑、显示和打印。

工具箱包含三个用于添加或删除锚点的工具："钢笔工具""添加锚点工具"和"删除锚点工具"。

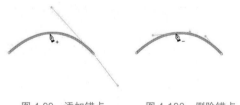

图 4-99　添加锚点　　　图 4-100　删除锚点

默认情况下，当用户将"钢笔工具"定位在选定路径上时，它会变为"添加锚点工具"，如图 4-99 所示，单击即可添加锚点。当用户将"钢笔工具"定位在锚点上时，它会变为"删除锚点工具"，如图 4-100 所示，单击即可将该锚点删除。

4.7.3 调整路径

使用"部分选取工具"单击路径，路径将显示其锚点。单击并拖动锚点，可以更改锚点的位置，进而调整路径的形状。移动锚点上的切线手柄，可以调整路径的方向和倾斜角度。

当移动曲线锚点上的切线手柄时，可以调整该点两边的曲线，如图 4-101 所示；当移动直线锚点上的切线手柄时，只能调整该点的切线手柄所在的那一边的曲线，如图 4-102 所示。

按住 Alt 键，使用"部分选取工具"单击并拖曳直线锚点，可将直线锚点转换为曲线锚点，如图 4-103 所示。使用"钢笔工具"单击曲线锚点，当光标旁边出现角标记时，如图 4-104 所示，单击该锚点即可将曲线锚点转换为直线锚点。

图 4-101　调整曲线
锚点

图 4-102　调整角点曲线

图 4-103　直线锚点
转换为曲线锚点

图 4-104　曲线锚点
转换为直线锚点

技术看板

　　使用"转换锚点工具"在直线锚点上拖曳，可将直线锚点转换为曲线锚点；在曲线
锚点上单击，可将曲线锚点转换为直线锚点。

4.7.4　应用案例——绘制可爱的小黑猫

Step 01 新建一个 300 像素 ×400 像素的 Animate 文档，如图 4-105 所示。单击工具箱
中的"矩形工具"按钮，在"属性"面板中设置"填充"颜色为 #F7C684。在舞台中绘
制一个矩形，如图 4-106 所示。使用"选择工具"拖曳调整轮廓，效果如图 4-107 所示。

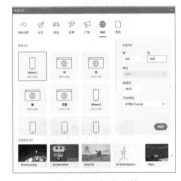
图 4-105　新建文档

图 4-106　绘制矩形

图 4-107　调整矩形轮廓

　　Step 02 新建"图层 _2"，继续使用"矩形工具"和"选择工具"绘制如图 4-108 所示
图形。新建"图层 _3"，使用"矩形工具"和"选择工具"绘制如图 4-109 所示图形。

　　Step 03 单击工具箱中的"钢笔工具"按钮，在"属性"面板中设置"填充"颜色为
#AB9785，在舞台中绘制如图 4-110 所示的树干图形。在树干图层下新建一个图层，设置
"填充"颜色为 #F1F28F，使用"椭圆工具"绘制如图 4-111 所示的椭圆。

图 4-108　绘制图形 1

图 4-109　绘制图形 2

图 4-110　绘制树干图形

图 4-111　绘制椭圆

Step04 继续使用相同的方法，绘制如图 4-112 所示的树木图形。执行"插入"→"新建元件"命令，新建一个名称为"头"的"图形"元件，如图 4-113 所示。

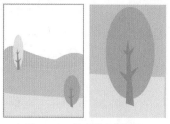

图 4-112　绘制另一棵树木

图 4-113　新建图形元件

Step05 设置"填充"颜色为黑色，使用"椭圆工具"绘制椭圆并使用"选择工具"调整图形轮廓，如图 4-114 所示。选中图形，单击工具箱下方的"平滑"按钮，图形平滑效果如图 4-115 所示。

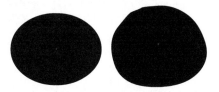

图 4-114　绘制并调整图形

图 4-115　平滑图形效果

Step06 使用"线条工具"和"选择工具"绘制如图 4-116 所示的线条。使用"颜料桶工具"填充黑色，效果如图 4-117 所示。使用"传统画笔工具"绘制胡须，效果如图 4-118 所示。

图 4-116　绘制线条

图 4-117　填充黑色

图 4-118　绘制胡须

Step07 新建图层，使用"椭圆工具"绘制眼睛和鼻子，效果如图 4-119 所示。新建一个名称为"躯干"的"图形"元件，使用"钢笔工具"绘制图形轮廓，效果如图 4-120 所示。

图 4-119　绘制眼睛和鼻子

图 4-120　绘制躯干图形

Step08 设置"笔触"颜色为白色，使用"线条工具"绘制线条并使用"选择工具"调整线条轮廓，效果如图 4-121 所示。新建图层，设置"填充"颜色为 #008FDC，使用"拖曳工具"绘制如图 4-122 所示的椭圆图形。

图 4-121　绘制并调整线条

图 4-122　绘制椭圆图形

Step 09 单击工作区左上角的 ← 图标，退出元件编辑。打开"库"面板，分别将 "躯干" 元件拖曳到舞台中，效果如图 4-123 所示。将"头"元件从"库"面板中拖曳到舞台中对齐"躯干"元件，效果如图 4-124 所示。

图 4-123　拖曳元件到舞台

图 4-124　完成效果

4.8　删除舞台上的内容

在 Animate 中，使用"橡皮擦工具"可以方便地删除舞台上的内容。双击工具箱中的"橡皮擦工具"按钮，即可将舞台上所有内容全部删除。

4.8.1　删除笔触段或填充区域

在 Animate 中，可以使用"橡皮擦工具"的特殊模式一次性将选择的形状对象删除。单击工具箱中的"橡皮擦工具"按钮，再单击"属性"面板中的"使用水龙头模式删除笔触段或填充区域"按钮 ，在图形填充上单击即可将其删除，如图 4-125 所示。

删除笔触也是同样的方法，将水龙头放置在要删除的笔触上方，单击鼠标左键，即可删除笔触，如图 4-126 所示。

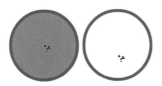

图 4-125　删除填充

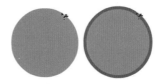

图 4-126　删除笔触

4.8.2　通过拖动擦除

"橡皮擦工具"提供多种通过拖动擦除图形对象的模式。单击工具箱底部的"橡皮擦模式"按钮 ，在弹出的列表中可以看到橡皮擦工具的 5 种模式，如图 4-127 所示。

图 4-127　橡皮擦工具 5 种　图 4-128　橡皮
　　　　　模式　　　　　　　擦类型

Animate 为用户提供了圆形和方形两种橡皮擦类型，用户可以根据需求在"属性"面板"橡皮擦选项"选项下选择不同大小的圆形或方形橡皮擦，如图 4-128 所示。

"标准擦除"模式擦除同一层上的笔触和填充。"擦除填色"模式只擦除填充，不影响笔触。"擦除线条"模式只擦除笔触，不影响填充。"擦除所选填充"只擦除当前选定的填充，不影响笔触，以这种模式使用"橡皮擦工具"前，需要先选择要擦除的填充。"内部擦除"模式只擦除橡皮擦笔触开始处的填充，如果从空白点开始擦除，将不会擦除任何内容。这种模式使用橡皮擦不会影响笔触。

4.8.3　使用压力和斜度

单击工具箱中的"橡皮擦工具"按钮，用户可以通过单击工具箱底部或"属性"面板中的"使用压力"按钮 ✦ 和"使用斜度"按钮 ✗，启用压力明暗度设置和倾斜明暗度设置，如图 4-129 所示。用户可以使用"橡皮擦工具"，根据应用到橡皮擦的压力和斜度创建宽度可变的笔触，如图 4-130 所示。

图 4-129　使用压力和斜度

图 4-130　宽度可变的笔触效果

> **提示**
>
> 压力和倾斜只在平板电脑设备或计算机连接了绘画板时才能起作用。

4.9　本章小结

本章中主要讲解 Animate 中图形绘制与编辑的方法和技巧。分别讲解了路径、绘制模式的概念；简单线段和形状绘制和编辑的方法；铅笔工具和画笔的使用技巧，钢笔工具的使用以及删除舞台上内容的方法，帮助读者快速掌握使用 Animate 绘制动画元素和场景的方法。

元件、实例和库在 Animate 中的联系非常紧密。元件和实例是组成一部影片的基本元素，通过综合使用不同的元件可以制作出丰富多彩的动画效果。在"库"面板中可对文档中的图像、声音、视频等资源进行统一管理，以方便在动画制作时使用。

本章知识点

（1）掌握 Animate 中元件的分类。
（2）熟悉不同类别元件的区别和应用。
（3）掌握"库"面板的使用技巧。
（4）了解滤镜的使用方法和技巧。
（5）理解混合模式的使用。

5.1 关于元件

元件是指在 Animate 中创建过的图形、按钮或影片剪辑，元件允许用户在同一文档或其他文档中重复使用。

5.1.1 元件的分类

元件的类型分为图形、按钮和影片剪辑，不同的类型有不同的功能，用户可根据需要创建不同类型的元件。

- 图形元件

图形元件可用于静态图像，并可用来创建连接到主时间轴的可重用动画片段。交互式控件和声音在图形元件的动画序列中不起作用。由于没有时间轴，图形元件在 FLA 文件中的尺寸小于按钮或影片剪辑。

- 按钮元件

按钮元件可以创建用于响应鼠标单击、滑过或其他动作的交互式按钮。可以定义与各种按钮状态关联的图形，然后将动作指定给按钮实例。

提示

按钮元件在 Animate 动画制作中的作用很大，要想实现用户和动画之间的交互功能，一般都要通过按钮元件进行。

● 影片剪辑元件

影片剪辑元件可用于创建动画，并在主场景中重复使用它。影片剪辑元件的时间轴与场景中的主时间轴是相互独立的，可以将图形和按钮元件实例放在影片剪辑元件中，也可以将影片剪辑元件实例放在按钮元件中创建动画按钮。影片剪辑元件还支持 ActionScript 脚本语言控制动画。

小技巧

元件在舞台中被选中时，周围会出现一个边框，用户可以执行"视图"→"隐藏边缘"命令，将边缘隐藏，以便更清楚地查看操作效果。

5.1.2　应用案例——创建按钮元件

Step 01 新建一个 Animate 文档。执行"插入"→"新建元件"命令，在弹出的"创建新元件"对话框中设置各项参数，如图 5-1 所示。单击"确定"按钮，进入按钮元件编辑模式，界面如图 5-2 所示。

图 5-1　"创建新元件"对话框

图 5-2　按钮元件编辑界面

Step 02 执行"文件"→"导入"→"导入到舞台"命令，如图 5-3 所示，将素材图片"5120.png"导入舞台中，效果如图 5-4 所示。

图 5-3　导入外部文件

图 5-4　导入素材图片 1

Step 03 单击"时间轴"面板上的"指针经过"状态，执行"插入"→"时间轴"→"空白关键帧"命令，插入关键帧，"时间轴"面板如图 5-5 所示。将素材图片"5121.png"导入舞台中，效果如图 5-6 所示。

图 5-5　插入空白关键帧　　　　　　　　　　图 5-6　导入素材图片 2

Step 04 单击"时间轴"面板上的"按下"状态，执行"插入"→"时间轴"→"关键帧"命令，插入关键帧，"时间轴"面板如图 5-7 所示。单击工具箱中的"任意变形工具"按钮，缩小图片，效果如图 5-8 所示。

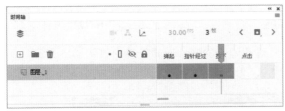

图 5-7　插入关键帧　　　　　　　　　　　图 5-8　缩小图片

Step 05 单击"时间轴"面板上的"点击"状态并插入空白关键帧，单击"绘图纸外观"按钮，如图 5-9 所示。舞台中将显示选定范围帧上的内容，如图 5-10 所示。

图 5-9　激活绘图纸外观　　　　　　　　图 5-10　显示选定范围帧上的内容

Step 06 使用"矩形工具"绘制点击范围，如图 5-11 所示。返回场景，将"开始游戏"按钮元件从"库"面板中拖曳到舞台中，按组合键 Ctrl+Enter 测试按钮，效果如图 5-12 所示。

图 5-11　绘制点击范围　　　　　　　　　图 5-12　测试按钮元件

提示

　　用户可以通过执行"控制"→"启用简单按钮"命令，预览舞台上按钮元件的状态。此命令允许用户无须使用"控制"→"测试"命令即可查看按钮元件的状态。

5.1.3 应用案例——创建影片剪辑元件

　　Step 01 新建一个 Animate 文档。执行"插入"→"新建元件"命令，在弹出的"创建新元件"对话框中设置各项参数，如图 5-13 所示。单击"确定"按钮，执行"文件"→"导入"→"导入到舞台"命令，将图像素材"61401.png"导入舞台，如图 5-14 所示。

图 5-13　"创建新元件"对话框

图 5-14　导入图像素材

　　Step 02 继续新建一个名称为"气球漂浮"的影片剪辑元件，如图 5-15 所示。单击"确定"按钮，将"热气球"图形元件从"库"面板中拖曳到舞台中，如图 5-16 所示。

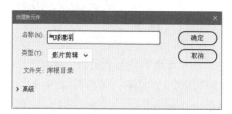

图 5-15　创建影片剪辑元件

图 5-16　使用图形元件

　　Step 03 单击"时间轴"面板中"图层 _1"中的第 10 帧位置，执行"插入"→"时间轴"→"关键帧"命令，插入关键帧，"时间轴"面板如图 5-17 所示。使用相同的方法，在时间轴第 20 帧位置插入关键帧，"时间轴"面板如图 5-18 所示。

图 5-17　插入关键帧 1

图 5-18　插入关键帧 2

　　Step 04 将第 10 帧中的元件实例向上移动 10 像素。在第 1 帧位置右击，在弹出的快捷菜单中选择"创建传统补间"命令，"时间轴"面板如图 5-19 所示。使用相同的方法，为第 10 帧添加传统补间，"时间轴"面板如图 5-20 所示。

　　Step 05 返回"场景 1"编辑状态，在"颜色"面板中设置"填充颜色"为从 #3BB4E8 到 #FBFDFE 的线性渐变，如图 5-21 所示。使用"矩形工具"在舞台中绘制矩形，并使用"渐变变形工具"调整渐变效果，如图 5-22 所示。

图 5-19　创建传统补间动画

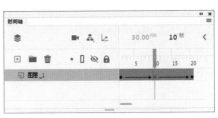

图 5-20　"时间轴"面板

图 5-21　设置线性渐变填充颜色

图 5-22　矩形效果

Step 06 将"气球漂浮"影片剪辑元件从"库"面板中拖曳到舞台中，效果如图 5-23 所示。按组合键 Ctrl+Enter 测试动画，效果如图 5-24 所示。

图 5-23　使用影片剪辑元件

图 5-24　测试动画效果

5.2　编辑元件

编辑元件时，Animate 会更新文档中该元件的所有实例，可以通过"在当前位置编辑""在新窗口中编辑"和"在元件的编辑模式下编辑"3 种方式编辑元件，用户可以根据习惯选择其中一种编辑方式。

5.2.1　在当前位置编辑元件

在舞台中选中一个实例，执行"编辑"→"在当前位置编辑"命令，进入"在当前位置"编辑状态,如图 5-25 所示。此时其他元件以灰度显示的状态出现,正在编辑的元件名称出现在"编辑栏"中场景名称的右侧,如图 5-26 所示。

图 5-25 "在当前位置编辑"命令

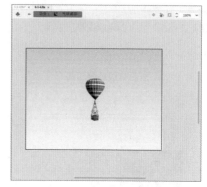

图 5-26 编辑状态

5.2.2 在新窗口中编辑元件

在舞台元件实例上右击,在弹出的快捷菜单中选择"在新窗口中编辑"命令,即可在一个新窗口中对元件进行编辑。

> **提示**
>
> 编辑完成后,单击"窗口"选项卡的关闭按钮,即可退出"在新窗口中编辑元件"状态。

5.2.3 在元件的编辑模式下编辑元件

在"库"面板中双击要编辑的元件,就可以直接进入该元件的编辑状态。也可在舞台中选中元件实例,执行"编辑"→"编辑所选项目"命令,在元件的编辑模式下编辑元件。

> **提示**
>
> 一般情况下都是直接双击元件实例编辑元件,用户可以根据自己的习惯选择一个编辑元件的方式。

5.3 复制元件

通过复制元件,用户可以使用现有的元件作为创建元件的起始点。如果想创建具有不同风格的各版本元件,也可以使用实例。

5.3.1 使用"库"面板复制元件

选中"库"面板中的元件,单击"库"面板右上角的扩展菜单按钮,选择"直接复制"

选项，如图 5-27 所示。在弹出的"直接复制元件"对话框中设置复制元件"名称"和"类型"，如图 5-28 所示。单击"确定"按钮，即可完成元件的复制操作，如图 5-29 所示。

图 5-27　选择"直接复制"选项　　图 5-28　"直接复制元件"对话框　　图 5-29　复制元件

　　双击复制的元件，进入元件编辑界面，修改元件的颜色即可创建一个新的元件，效果如图 5-30 所示。使用相同的方法，可以快速创建多个相似的元件，如图 5-31 所示。

图 5-30　修改元件颜色　　　　　　　图 5-31　创建相似元件

5.3.2　通过选择实例来复制元件

　　选中舞台中的一个元件实例，执行"修改"→"元件"→"直接复制元件"命令，如图 5-32 所示，弹出"直接复制元件"对话框，如图 5-33 所示。

图 5-32　"直接复制元件"命令　　　　图 5-33　"直接复制元件"对话框

单击"确定"按钮，该元件就会被复制，且原来的元件实例会被复制的元件实例替代。

5.4 交换元件与位图

使用 Animate 制作动画，可以利用交换元件和位图对动画进行场景和角色的替换和翻新。

选择要替换的元件或位图，单击"属性"面板中的"交换"按钮⇄，在弹出的"交换元件"或"交互位图"对话框中选择要交换的元件或位图，单击"确定"按钮，即可交换元件或位图。

| 提示 |

使用交换元件与位图，可以保留原实例的所有属性，不必在替换实例后对其属性重新进行编辑。

5.4.1 应用案例——交换多个元件

Step01 打开素材文件"64101.fla"，效果如图 5-34 所示。按住 Shift 键，使用"选择工具"逐个单击，将舞台中所有气球元件选中，如图 5-35 所示。

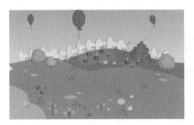

图 5-34 打开素材文件

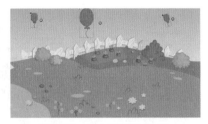

图 5-35 选中所有气球元件

Step02 单击"属性"面板中的"交换元件"按钮，弹出"交换元件"对话框，选择名称为"云朵"的图形元件，如图 5-36 所示。单击"确定"按钮，舞台中的气球元件被交换为云朵元件，效果如图 5-37 所示。

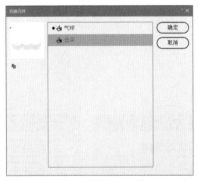

图 5-36 "交换元件"对话框

图 5-37 元件交换效果

5.4.2　交换多个位图

在 Animate 中，还可以在不改变原位图属性的情况下一次性交换多个位图。

在舞台中选择所有要替换的位图，单击"属性"面板中的"交换"按钮，在弹出的"交换位图"对话框中选择替换选定位图的实例，如图5-38 所示。单击"确定"按钮，即可交换所有被选定的位图。

图 5-38　"交换位图"对话框

5.5　使用元件实例

元件实例是指舞台上或嵌套在另一个元件内的元件副本，编辑元件会更新它的所有实例。将元件从"库"面板中拖曳到舞台中，即可以创建一个实例。实例可以与其父元件在颜色、大小和功能方面有差别。

5.5.1　应用案例——创建元件实例

Step 01 打开素材文件"65101.fla"，效果如图 5-39 所示。新建"图层 _2"，打开"库"面板，将"大树"元件拖曳到舞台中，实例元件效果如图 5-40 所示。

图 5-39　打开素材文件

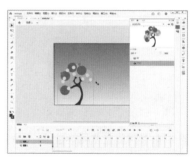

图 5-40　创建实例元件

Step 02 按住 Alt 键的同时使用"选择工具"拖曳复制大树元件，并使用"任意变形工具"将其缩小，效果如图 5-41 所示。将两个大树实例元件同时选中，右击，在弹出的快捷菜单中选择"分散到图层"命令，时间轴效果如图 5-42 所示。

图 5-41　复制大树元件并缩小

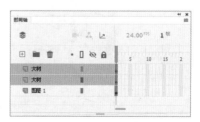

图 5-42　分散到图层

Step 03 拖曳选中三个图层第 25 帧，按 F6 键插入关键帧，"时间轴"面板如图 5-43 所示。选中红色"大树"图层第 25 帧，使用"选择工具"将元件移动到右侧，如图 5-44 所示。

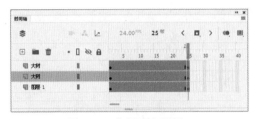

图 5-43　"时间轴"面板 1

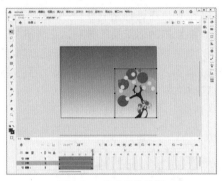

图 5-44　移动元件位置

Step 04 在红色"大树"图层上右击，在弹出的快捷菜单中选择"创建传统补间"命令，"时间轴"面板如图 5-45 所示。选中绿色"大树"图层第 25 帧，使用"选择工具"将元件移动到左侧并创建"创建传统补间"，如图 5-46 所示。

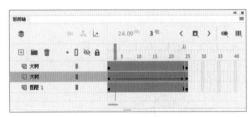

图 5-45　"时间轴"面板 2

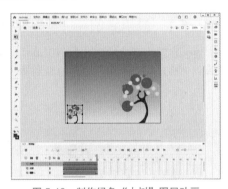

图 5-46　制作绿色"大树"图层动画

Step 05 单击"时间轴"面板上的"播放"按钮播放动画，效果如图 5-47 所示。按组合键 Ctrl+Enter 测试动画，效果如图 5-48 所示。

图 5-47　播放动画

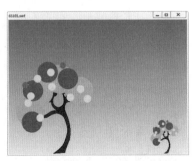

图 5-48　测试动画效果

5.5.2　隐藏和删除实例

通过取消勾选"属性"面板中的"可见"复选框，隐藏舞台上的影片剪辑元件和按钮元件实例。与将元件的 Alpha 属性设置为 0% 相比，使用"可见"属性可以提供更快的呈现性能。

选择舞台上的一个影片剪辑元件实例，勾选"属性"面板"混合"选项中的"隐藏对象"复选框，即可将选中实例隐藏，如图5-49 所示。

选中舞台实例，按 Delete 键、BackSpace 键或执行"编辑"→"清除"命令，即可将选中实例删除，如图 5-50 所示。

图 5-49　隐藏对象　　　　图 5-50　删除实例

5.5.3　转换实例和元件的类型

选中舞台中的一个元件实例，打开"属性"面板，在"实例行为"下拉列表中选择想要转换的类型即可，如图 5-51 所示。

打开"库"面板，在想要转换类型的元件上右击，在弹出的快捷菜单中选择"属性"命令，弹出"元件属性"对话框，在"类型"下拉列表中选择想要转换的类型，单击"确定"按钮，即可完成元件类型的转换，如图 5-52 所示。

图 5-51　转换实例的类型　　　　　　图 5-52　转换元件的类型

5.5.4　为图形元件设置循环

通常情况下，图形元件为一个静止对象。无论元件时间轴有什么内容，只会显示第 1 帧内容。通过设置其"循环"属性，可以使图形元件像影片剪辑元件那样动起来。

在舞台中选中一个图形元件实例，打开"属性"面板，在"循环"选项区中可以看到循环播放图形、播放图形一次、图形播放单个帧、倒放图形一次、反向循环播放图形 5 种循环模式，如图 5-53 所示。

单击"帧选择器"按钮，用户可在弹出的"帧选择器"面板中可视化地设置图形元件的循环方式，如图 5-54 所示。

图 5-53　循环模式　　　　　　　　　　图 5-54　帧选择器

提示

如果要指定循环时首先显示的图形元件的帧，可以在"第一"后的文本框中输入帧编号，"图形播放单个帧"选项也可以使用此处指定的帧编号。

5.5.5　分离元件实例

想要单独编辑实例而又不影响元件，可以通过分离元件实例，断开实例与元件的链接。

选中舞台中的一个元件实例，执行"修改"→"分离"命令或按组合键 Ctrl+B，也可以单击"属性"面板中的"分离"按钮 ，即可将选中实例分离成独立的图形元素，如图 5-55 所示。

分离之后，可以使用各种绘制工具对图形的局部进行修改。

图 5-55　分离元件

5.6　使用"库"面板

"库"面板可以存放元件、图像、视频和声音等元素，使用"库"面板可以对库资源进行有效的管理。

5.6.1　"库"面板简介

执行"窗口"→"库"命令或按组合键 Ctrl+L，即可打开"库"面板，如图 5-56 所示。用户可以在"库"面板中完成元件的新建、删除和复制，也可以通过新建文件夹，对不同类别的元件进行管理。

5.6.2　应用案例——在其他 Animate 文件中打开库

Step 01 打开素材文件"66201.fla"和"66202.fla"，效果如图 5-57 所示。选择"66201.fla"文件，打开"库"面板，在"库"面板中的"文档列表"中选择名称为"66202.fla"的选项，如图 5-58 所示。

图 5-56　"库"面板

图 5-57　打开素材文件

图 5-58　选择文件

Step02 将"小黑板"图形元件拖曳到舞台中，使用"任意变形工具"调整大小，如图 5-59 所示。使用相同方法，将"望远镜"和"小汽车"图形元件分别拖曳到舞台中，效果如图 5-60 所示。

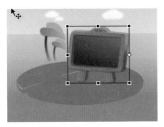

图 5-59　拖曳元件到场景中

图 5-60　拖曳其他元件到场景中

5.6.3　解决库资源之间的冲突

将一个资源导入或者复制到另一个已经含有同名的不同资源文档中时，可以选择是否使用新项目替换现有项目。

当用户尝试在文档中放置与现有项目名称冲突的项目时，会弹出"解决库冲突"对话框，如图 5-61 所示。用户可以根据需求选中"不替换现有项目"单选钮或"替换现有项目"单选钮，也可以选中"将重复的项目放置在文件夹中"单选钮。

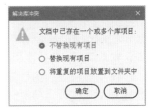

图 5-61　"解决库冲突"对话框

提示

当用户要从源文档中复制一个已在目标文档中存在的项目，并且这两个项目具有不同的修改日期时，就会出现冲突，可通过组织文档库中文件夹内的资源来避免出现命名冲突。

5.7　使用"资源"面板

执行"窗口"→"资源"命令，即可打开"资源"面板，如图 5-62 所示。该面板中包含的资源已准备就绪，可直接应用到用户的动画项目。

"资源"面板中包含"默认"和"自定义"两个选项卡。"默认"选项卡包含 Animate

自带的资源包，主要包括"动画""静态"和"声音剪辑"三部分，如图 5-63 所示。"动画"部分包含具有多个帧的符号。"静态"部分包含具有一个帧和一个图像的符号。"声音剪辑"包含样本背景和事件声音。"自定义"选项卡包含用户导出的资源，主要分为动画和静态两部分，如图 5-64 所示。

图 5-62　　"资源"面板

图 5-63　　"默认"选项卡

图 5-64　　"自定义"选项卡

提示

在"默认"和"自定义"选项卡下方的文本框中键入搜索文本。Animate 对名称与搜索文本匹配的资源进行搜索。搜索结果可以跨多个部分，因此，确保展开所有部分以查看搜索结果。

5.8 矢量图与位图的转换

在制作 Animate 动画时，会同时使用位图和矢量图。由于两种类型的图像作用不同，常常需要相互转换，以方便动画的制作和获得好的动画效果。

选中舞台上的图形元件并右击，在弹出的快捷菜单中选择"转换为位图"命令，如图 5-65 所示。打开"库"面板，查看"Bitmap 1"为刚刚转换的位图，如图 5-66 所示。

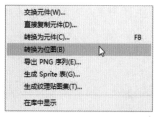

图 5-65　　"转换为位图"命令

图 5-66　　"库"面板

选择场景中的位图，执行"修改"→"位图"→"转换位图为矢量图"命令，如图 5-67 所示，弹出"转换位图为矢量图"对话框，如图 5-68 所示。设置各项参数后，单击

"确定"按钮，即可将位图转换为矢量图。

图 5-67　"转换位图为矢量图"命令

图 5-68　"转换位图为矢量图"对话框

5.9　混合模式

混合模式是一种元件的属性，并且只对影片剪辑元件或按钮元件起作用，通过设置混合模式中的选项，可以为影片剪辑元件创建出独特的视觉效果。

5.9.1　混合模式简介

创建影片剪辑元件或按钮元件的实例后，可以通过更改实例的混合模式创建混合对象。混合是改变两个或两个以上重叠对象的透明度或者颜色相互关联的过程，可以混合重叠影片剪辑中的颜色，创造出别具一格的视觉效果。

提示

由于在发布 SWF 文件时，多个图形元件会合并为一个形状，所以不能对不同的图像元件应用不同的混合模式。

5.9.2　混合模式类型

混合模式的创建是通过"属性"面板中"混合"选项区中的"混合"选项实现的，如图 5-69 所示，单击"混合"选项，在下拉列表中提供了多种混合模式选项可供选择，如图 5-70 所示。

图 5-69　"显示"选项区　　　图 5-70　"混合"下拉列表

> **提示**
>
> 混合模式不仅取决于要应用混合的对象的颜色，还取决于基础颜色。在使用时用户可试验不同的混合模式，以获得所需效果。

5.9.3 应用案例——使用混合模式

Step 01 执行"文件"→"新建"命令，新建一个 550 像素 ×400 像素的空白文档，如图 5-71 所示。执行"文件"→"导入"→"导入到舞台"命令，导入素材图像"68301.jpg"，如图 5-72 所示。

图 5-71 "新建文档"对话框

图 5-72 导入图像素材 1

Step 02 在第 30 帧位置按 F5 键插入帧，如图 5-73 所示。新建"图层 _2"，导入素材图像"68302.jpg"，调整到合适的大小和位置，如图 5-74 所示。

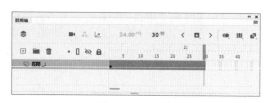

图 5-73 插入帧

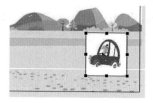

图 5-74 导入图像素材 2

Step 03 按 F8 键，将其转换为"名称"为"小汽车"的影片剪辑元件，如图 5-75 所示。单击"确定"按钮，在"属性"面板设置其"混合"选项为"变暗"，如图 5-76 所示。

图 5-75 "转换为元件"对话框

图 5-76 设置"混合"选项

Step 04 元件效果如图 5-77 所示。在第 30 帧位置按 F6 键插入关键帧，将小汽车元件移动到场景左侧，如图 5-78 所示。

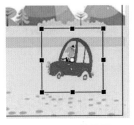

图 5-77 元件效果

图 5-78 移动元件位置

Step05 在"图层_2"上单击，单击"属性"面板中的"创建传统补间"按钮 ，"时间轴"面板如图 5-79 所示。按组合键 Ctrl+Enter 测试动画，效果如图 5-80 所示。

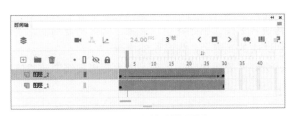

图 5-79 "时间轴"面板

图 5-80 测试动画效果

5.10 使用滤镜

Animate 中包含"投影""模糊""发光""斜角""渐变发光""渐变斜角"和"调整颜色"共 7 种滤镜，除了可以为影片剪辑元件、按钮元件、组件、文本及已编译的剪辑对象增添视觉效果，还可以通过使用补间动画制作滤镜动画。

选择场景中需要添加滤镜的对象，打开"属性"面板，单击"滤镜"选项区的 按钮，在弹出的下拉列表中选择需要添加的滤镜，即可完成相应滤镜的添加。在"滤镜"选项区中显示所添加滤镜的相关设置选项，如图 5-81 所示。一个对象可以同时添加多个滤镜，添加后的滤镜将显示在下方的滤镜列表中，如图 5-82 所示。

图 5-81 添加滤镜

图 5-82 滤镜列表

> **提示**
>
> 　　在新建 Animate 文档时，选择不同的平台会影响滤镜的使用。例如 ActionScript 3.0 文档，可以对几乎所有元素使用 7 种滤镜，而且可以对帧应用滤镜；而 Html5 Canvas 文档只能使用 4 种滤镜，不能对帧应用滤镜且图形元件不能应用滤镜。

　　单击滤镜名右侧的"启用或禁用滤镜"图标 ◉，即可禁用当前滤镜，再次单击该图标可启用该滤镜；单击"删除滤镜"图标 🗑，即可删除当前滤镜。

图 5-83　删除、启用和禁用滤镜

图 5-84　复制、粘贴滤镜

　　单击"选项"按钮 ⚙，在弹出的列表中选择"删除全部"选项，将删除当前元素上所有滤镜；选择"启用全部"选项，将启用当前元件上所有滤镜；选择"禁用全部"选项，将禁用当前元件上所有滤镜，如图 5-83 所示。

　　选择"复制选定的滤镜"选项，将复制选中的滤镜；选择"复制所有滤镜"选项，将复制当前元素上所有滤镜。选择"粘贴滤镜"选项，即可将复制的滤镜粘贴到选中的元素上，如图 5-84 所示。

　　选择"重置滤镜"选项，即可将当前选中滤镜的参数恢复到默认数值。

5.10.1　投影

　　"投影"滤镜能够模拟对象投影到一个表面的效果或在背景中通过剪出一个与对象相似的形状模拟对象的外观。"投影"滤镜添加前后对比效果如图 5-85 所示。

　　在"属性"面板中为元件添加"投影"滤镜后，"属性"面板中将显示"投影"滤镜的各项参数，如图 5-86 所示。

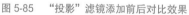

图 5-85　"投影"滤镜添加前后对比效果

图 5-86　"投影"滤镜的参数

5.10.2　模糊

　　"模糊"滤镜可以柔化对象的边缘和细节。将模糊应用于对象，可以让它看起来好像位于其他对象的后面，或者使对象看起来好像是运动的。"模糊"滤镜添加前后对比效果如图 5-87 所示。

　　在"属性"面板中为元件添加"模糊"滤镜后，"属性"面板中将显示"模糊"滤镜的各项参数，如图 5-88 所示。

图 5-87　"模糊"滤镜添加前后对比效果　　　　图 5-88　"模糊"滤镜的参数

5.10.3　发光与渐变发光

　　"发光"滤镜可以为对象的周围应用颜色，为当前对象赋予光晕效果，如图 5-89 所示。"渐变发光"滤镜可以使选择对象在发光表面产生带渐变颜色的发光效果，如图 5-90 所示。

　　选择"发光"选项，显示"发光"滤镜的各项参数，如图 5-91 所示。选择"渐变发光"选项，显示"渐变发光"滤镜的各项参数，如图 5-92 所示。

图 5-89　"发光"　　图 5-90　"渐变
滤镜效果　　　　发光"滤镜效果

图 5-91　"发光"滤镜参数　　　　图 5-92　"渐变发光"滤镜参数

5.10.4　斜角与渐变斜角

　　"斜角"滤镜可以为对象应用加亮效果，使其看起来凸出于背景表面，效果如图 5-93 所示。"渐变斜角"滤镜可以使对象产生斜面浮雕的效果，而且斜角表面有渐变颜色的效果，效果如图 5-94 所示。

图 5-93　"斜角"滤镜效果　　　　图 5-94　"渐变斜角"滤镜效果

　　选择"斜角"选项，显示"斜角"滤镜的各项参数，如图 5-95 所示。选择"渐变斜角"选项，显示"渐变斜角"滤镜的各项参数，如图 **5-96** 所示。

图 5-95　"斜角"滤镜参数　　　　　图 5-96　"渐变斜角"滤镜参数

5.10.5　调整颜色

"调整颜色"滤镜可以通过设置各项参数改变被选择对象的颜色属性，如图 **5-97** 所示。选择"调整颜色"选项，显示"调整颜色"滤镜的各项参数，如图 **5-98** 所示。

图 5-97　调整颜色效果　　　　　图 5-98　"调整颜色"滤镜参数

> **提示**
>
> 元件实例应用"调整颜色"滤镜后，在执行"修改"→"分离"命令后，将会失去"调整颜色"滤镜效果，返回原来的颜色属性。

5.10.6　使用滤镜动画

为对象添加滤镜后，可以通过在"时间轴"面板中制作补间动画，让滤镜动起来，效果如图 **5-99** 所示。为对象应用滤镜后，修改不同的帧上对象滤镜参数，然后创建补间动画，即可完成滤镜动画的制作，"时间轴"面板如图 **5-100** 所示。

图 5-99　滤镜动画效果　　　　　图 5-100　"时间轴"面板

创建补间动画后，中间帧上会显示补间的相应的滤镜参数，如果某个滤镜在补间的另一端没有相匹配的滤镜，系统会自动添加匹配的滤镜，以确保在动画序列的末端出现该效果。

5.10.7　创建预设滤镜库

Animate 允许用户将常用的滤镜设置保存为预设库，以便轻松应用到影片剪辑和文本对象。通过向其他用户提供滤镜配置文件，可共享滤镜预设。

提示

滤镜配置文件保存在 Animate Configuration 文件夹中的一个 XML 文件，Windows 系统中的位置为：C:\Users\ 用户名 \AppData\Local\Adobe\Flash CC\ 语言 \Configuration。

选择一个滤镜，单击"选项"按钮 ✿，在弹出的快捷菜单中选择"另存为预设"命令，如图 5-101 所示。在弹出的"将预设另存为"对话框中输入预设名称，如图 5-102 所示。单击"确定"按钮，即可将选中滤镜存储为预设滤镜。

图 5-101　"另存为预设"命令

图 5-102　输入预设名称

存储的预设将显示在"选项"菜单最下方，如图 5-103 所示。选择"编辑预设"命令，弹出"编辑预设"对话框，如图 5-104 所示。双击预设名称可为预设重新命名，单击"删除"按钮，可将当前选中预设删除。

图 5-103　存储的预设

图 5-104　"编辑预设"对话框

5.11　本章小结

本章主要讲解了 Animate 中元件的分类及使用方法。针对元件实例和库的概念、元件的转换，混合模式和滤镜等内容进行讲解，帮助读者了解 Animate 动画的基本组成元素，区分不同元件的应用方法和应用环境，还能够通过使用混合模式和滤镜制作更加丰富的动画效果。

第6章
使用"时间轴"面板

"时间轴"面板的主要功能是组织和控制一定时间内图层和帧中的内容。简单地讲,就是用于控制不同图形元素在不同时间的状态。当"时间轴"中的帧在不同的图层中被快速播放时,就形成了连续的动画效果。本章将针对"时间轴"面板的功能及操作进行讲解,帮助读者了解帧、图层及场景的概念。

本章知识点

(1)掌握帧的类型和基本操作。
(2)正确区分不同类型动画时间轴。
(3)熟悉"时间轴"面板的功能。
(4)掌握图层的创建与基本操作。
(5)掌握创建与更改场景的方法。

6.1 帧的类型与使用

帧是时间轴上最基础的组成部分,在开始学习"时间轴"面板相关知识前,需要先掌握帧的概念与相关操作。

6.1.1 帧的基本类型

在 Animate 中承载动画内容和用来创建动画的帧也分为不同的类型,而不同类型的帧发挥的作用也不相同。Animate 中的帧大致分为帧、关键帧和空白关键帧三个基本类型,不同类型的帧在时间轴中的显示方式也不相同。

- 帧

帧又可称为"普通帧"和"过渡帧"。通常在关键帧后面添加一些起延续作用的帧,被称为"普通帧";而在起始和结束关键帧之间的帧具体体现动画的变化过程,被称为"过渡帧",如图 6-1 所示。选中过渡帧,可以预览这一帧的具体效果,但是过渡帧的具体内容由计算机自动生成,无法进行编辑。

单击时间轴中想要插入帧的位置,执行"插入"→"时间轴"→"帧"命令或按 F5 键,如图 6-2 所示。或者右击,在弹出的快捷菜单中选择"插入帧"命令,即可在时间轴中插入帧。

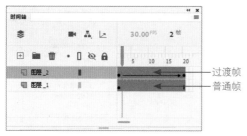

图 6-1　普通帧和过渡帧　　　　　　　　图 6-2　"帧"命令

- 空白关键帧

新建文档或图层时，默认情况下，图层的第 1 帧就是空白关键帧，呈现为一个空白圆，表示该关键帧中不包含任何对象和元素，如图 6-3 所示。

单击时间轴中想要插入空白关键帧的位置单击选中相应的帧，执行"插入"→"时间轴"→"空白关键帧"命令或按 F7 键，或者右击，在弹出的快捷菜单中选择"插入空白关键帧"命令，即可在时间轴中插入空白关键帧，如图 6-4 所示。

执行"修改"→"时间轴"→"转换为空白关键帧"命令，如图 6-5 所示。或右击，在弹出的快捷菜单中选择"转换为空白关键帧"命令，可将当前选中的帧或关键帧转换为空白关键帧。

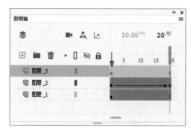

图 6-3　空白关键帧　　　图 6-4　"插入空白关键帧"命令　　　图 6-5　"转换为空白
　　　　　　　　　　　　　　　　　　　　　　　　　　　　　　　　关键帧"命令

- 关键帧

在空白关键帧选中的状态下，向舞台中添加内容，空白关键帧将转换为关键帧，关键帧呈现为一个实心圆点，如图 6-6 所示。

提示

两个关键帧的中间可以没有过渡帧，但过渡帧前后肯定有关键帧，因为过渡帧附属于关键帧，关键帧的内容决定了帧的内容。

单击时间轴中想要插入关键帧的位置，执行"插入"→"时间轴"→"关键帧"命令或按 F6 键，如图 6-7 所示。或右击，在弹出的快捷菜单中选择"插入关键帧"命令，即可在时间轴中插入关键帧。

执行"修改"→"时间轴"→"转换为关键帧"命令，如图 6-8 所示。或右击，在弹出的快捷菜单中选择"转换为关键帧"命令，可将当前选中的帧转换为关键帧。

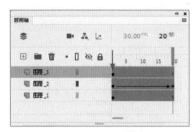

图 6-6　关键帧　　　　图 6-7　"关键帧"命令　图 6-8　"转换为关键帧"命令

除了以上讲解的插入帧、关键帧和空白关键帧的方法以外，Animate 在"时间轴"面板中新增了插入帧、关键帧和空白关键帧的方法。将光标移动到"插入关键帧"按钮上，按住鼠标左键不放，用户可在弹出的下拉列表中选择插入的帧类型，如图 6-9 所示。

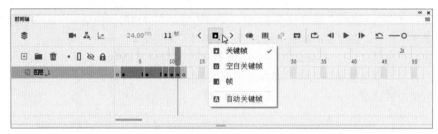

图 6-9　"时间轴"面板中快速插入关键帧、空白关键帧和帧

6.1.2　关于帧频

帧频也被称为帧速率，指动画播放的速度，以每秒播放的帧数（fps）为度量单位。帧频太慢会导致动画效果不够流畅，而帧频太快则会导致动画的细节变得模糊。

使用 Animate 可以创建在不同平台播放的动画，为了获得更好的动画播放效果，不同动画类型默认的帧频也不同。角色动画、社交、游戏和广告文档默认的帧频为 30fps，而教育、Web 和高级文档默认的帧频为 24fps。

提示

动画的复杂程度和计算机的性能会影响播放的流畅程度。若要确定最佳帧速率，请在各种不同的计算机上测试动画。

用户可以在"新建文档"对话框中设置动画的"帧速率"，为新建文档指定帧频，如图 6-10 所示。执行"修改"→"文档"命令，在弹出的"文档设置"对话框中修改现有文档的"帧频"，如图 6-11 所示。用户也可以单击"属性"面板中的"文档"标签，在"文档设置"选项中修改帧频，如图 6-12 所示。

小技巧

由于 Animate 仅允许为一个文档指定唯一的帧频，所以最好在制作动画开始之前就确定好帧频。

图 6-10　"新建文档"对话框

图 6-11　"文档设置"对话框

图 6-12　"属性"面板

6.1.3　选择帧

单击"时间轴"面板右上方的▇▇按钮，在弹出的列表中勾选"选定范围"复选框，此后单击图层中的一个帧，都将选中相邻的完整帧片段。

Animate 提供多种选择帧的方法，可以使用户快速对单帧以及连续或不连续的多帧进行选择。

将光标移动到想要选择的帧上单击，即可选中当前帧。如果要选择多个连续的帧，可将光标移动到要选择的连续帧的第 1 帧位置，按住鼠标左键拖曳到连续帧的最后 1 帧位置即可。也可以按住 Shift 键的同时一次单击第一帧和最后一帧，如图 6-13 所示。

按住 Ctrl 键的同时逐个单击需要选择的多个帧，即可选中多个不连续的帧，如图 6-14 所示。

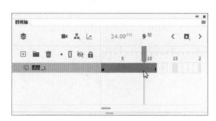
图 6-13　选中多个连续的帧

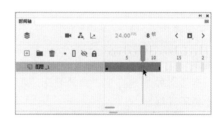
图 6-14　选中多个不连续的帧

执行"编辑"→"时间轴"→"选择所有帧"命令或按组合键 Ctrl+Alt+A，如图 6-15 所示，即可选择时间轴中的所有帧，如图 6-16 所示。

图 6-15　"选择所有帧"命令

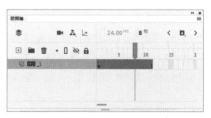
图 6-16　选中所有帧的效果

双击两个关键帧之间的帧，可快速选中两个关键帧间的所有帧，如图 6-17 所示。单击任一图层的图层操作区，即可快速选中该图层上所有帧，如图 6-18 所示。

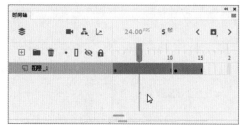

图 6-17　选中两个关键帧之间的所有帧　　　　图 6-18　选中图层所有帧

6.1.4　翻转帧

在"时间轴"面板中选择帧序列，如图 6-19 所示，执行"修改"→"时间轴"→"翻转帧"命令，或右击，在弹出的快捷菜单中选择"翻转帧"命令，即可对选择的帧序列进行翻转操作，如图 6-20 所示。

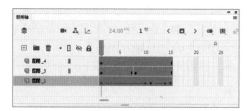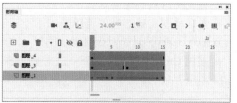

图 6-19　选择需要翻转的帧序列　　　　图 6-20　翻转帧操作后的效果

提示

若要对帧序列应用"翻转帧"，帧序列的起始帧和结束帧必须都是关键帧，否则该功能将不可用。

6.1.5　复制、粘贴帧

在制作动画的过程中，可以根据需要复制帧或帧序列。

按住 Alt 键，使用"移动工具"将单个帧拖动到要复制的位置，即可完成复制帧的操作。

选中要复制的帧或序列，执行"编辑"→"时间轴"→"复制帧"命令，如图 6-21 所示。然后再选中要粘贴帧的帧，执行"编辑"→"时间轴"→"粘贴帧"命令，如图 6-22 所示，即可完成复制粘贴帧或序列的操作。

也可以在要复制的帧或序列上右击，在弹出的快捷菜单中选择"复制帧"命令。然后在要粘贴帧或序列的位置右击，在弹出的快捷菜单中选择"粘贴帧"命令。

图 6-21　"复制帧"命令　　　　　　　图 6-22　"粘贴帧"命令

6.1.6　删除、清除帧

选择要删除的帧或帧序列，执行"编辑"→"时间轴"→"删除帧"命令或右击，在弹出的快捷菜单中选择"删除帧"命令，如图 6-23 所示，即可将选择的帧或帧序列删除，删除帧后的帧将自动向前移动。

选择时间轴上要清除的帧，执行"编辑"→"时间轴"→"清除帧"命令，如图 6-24 所示。即可清除当前帧上的所有内容。将光标移动到时间轴上任一关键帧上，右击，在弹出的快捷菜单中选择"清除关键帧"命令，如图 6-25 所示，即可将当前关键帧删除并同时删除帧上所有内容。

图 6-23　"删除帧"命令　　图 6-24　"清除帧"命令　　图 6-25　"清除关键帧"命令

提示

清除帧与删除帧的区别在于，清除帧只是删除帧中的内容，而帧依然存在，而删除帧则会将帧及帧上内容一起删除。

6.1.7　应用案例——制作滑冰动画效果

Step 01 新建一个 560 像素 ×420 像素的 Animate 文档，如图 6-26 所示。执行"文件"→"导入"→"导入到舞台"命令，将背景素材"761301.jpg"导入舞台，适当调整其位置，选中第 130 帧，按 F5 键插入帧，如图 6-27 所示。

图 6-26　"新建文档"对话框

图 6-27　导入素材图像 1

Step02 新建"图层 _2",将人物素材"761302.jpg"导入舞台右侧,如图 6-28 所示。按 F8 键将该图像转换为"名称"为"人物"的"图形"元件,如图 6-29 所示。

图 6-28　导入素材图像 2

图 6-29　"转换为元件"对话框

Step03 按 Alt 键并拖动鼠标将人物复制,然后执行"修改"→"变形"→"垂直翻转"命令,效果如图 6-30 所示。打开"属性"面板,设置元件的 Alpha 为 40%,制作出倒影效果,如图 6-31 所示。

图 6-30　复制并垂直翻转效果

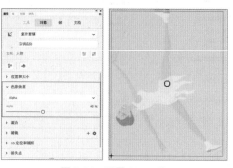

图 6-31　设置 Alpha 值

提示

按 Alt 键并拖动复制对象时,需要将对象副本拖动到其他位置,停止拖动后才能松开 Alt 键。

Step04 选中人物和倒影,按 F8 键,将两个元件转换为"名称"为"人物动画"的"图形"元件,如图 6-32 所示。单击"图层 _2"第 45 帧位置,按 F6 键插入关键帧,将人物移动到画布的左侧,如图 6-33 所示。

图 6-32　移动元件位置

图 6-33　创建传统补间动画

Step05 选中第 1 帧到第 45 帧之间的任意帧，执行"插入"→"创建传统补间"命令，如图 6-34 所示。创建传统补间动画，"时间轴"面板如图 6-35 所示。

图 6-34　"创建传统
补间"命令

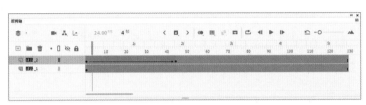

图 6-35　"时间轴"面板

Step06 拖曳选中第 1 帧至第 45 帧，右击，在弹出的快捷菜单中选择"复制帧"命令。右击第 65 帧，在弹出的快捷菜单中选择"粘贴帧"命令，如图 6-36 所示。拖曳选中复制得到的第 65 帧至第 108 帧，右击，在弹出的快捷菜单中选择"翻转帧"命令，如图 6-37 所示。

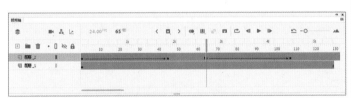

图 6-36　复制并粘贴帧效果

图 6-37　"翻转帧"命令

Step07 单击第 65 帧位置，执行"修改"→"变形"→"水平翻转"命令将人物元件翻转，如图 6-38 所示。使用相同的方法水平翻转第 108 帧中的人物，如图 6-39 所示。

图 6-38　将元件水平翻转 1

图 6-39　将元件水平翻转 2

Step08 拖曳选中"图层 _2"第 131 帧至最后一帧，执行"编辑"→"时间轴"→

"删除帧"命令，完成该动画的制作。按组合键 **Ctrl+Enter** 测试动画，效果如图 **6-40** 所示。

图 6-40　测试动画效果

6.2　"时间轴"面板

　　"时间轴"面板最主要的功能是组织图层和放置帧，当时间轴中的帧在不同的图层中快速播放时，就形成了连续的动画效果。

6.2.1　"时间轴"面板

　　执行"窗口"→"时间轴"命令，打开"时间轴"面板，如图 **6-41** 所示。时间轴从形式上可以分为两部分，左侧的图层操作区和右侧的帧操作区。

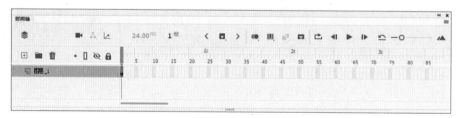

图 6-41　"时间轴"面板

　　当时间轴中包含多个图层时，单击"时间轴"面板左上角的"图层视图"按钮，即可将时间轴由默认的多图层视图切换到当前图层视图，如图 **6-42** 所示。再次单击"图层视图"按钮，即可返回多图层视图。

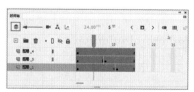

图 6-42　多图层视图切换到当前图层视图

6.2.2　在时间轴中标识不同类型的动画

在"时间轴"面板中，不同的动画类型采用不同的颜色或时间轴元素进行标识区分，使用户可以快速了解动画的制作方法。

逐帧动画通常通过一个具有一系列连续关键帧的图层来表示，如图 6-43 所示。

传统补间动画背景呈现为紫色，在开始和结束时是关键帧，在关键帧之间是黑色的箭头（表示补间），如图 6-44 所示。

图 6-43　逐帧动画　　　　　　　　　　图 6-44　传统补间动画

补间形状动画类似传统补间动画，在开始和结束时是关键帧，中间是黑色的箭头（表示补间），不同之处在于形状补间动画中间的帧以浅棕色显示，如图 6-45 所示。

补间动画与传统补间动画大不相同，背景呈现为金色，范围的第一帧中的大黑点表示补间范围分配有目标对象，最后一帧的小黑点表示其他属性关键帧，如图 6-46 所示。

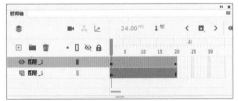

图 6-45　补间形状动画　　　　　　　　图 6-46　补间动画

第一帧中的空心点表示补间动画的目标对象已删除，补间范围仍包含其属性关键帧，并可应用新的目标对象，如图 6-47 所示。

当关键帧后面跟随的是虚线时，表示传统补间动画是不完整的，通常是由于最后的关键帧被删除或没有添加的缘故，如图 6-48 所示。

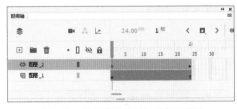

图 6-47　补间动画的目标对象已删除　　　图 6-48　传统补间动画不完整

如果一系列灰色的帧是以一个关键帧开头，并以一个黑色的矩形结束，那么在关键帧后面的所有帧都具有相同的内容，如图 6-49 所示。

如果帧或关键帧带有小写的 a，则表示它是动画中帧动作（全局函数）被添加的点，如图 6-50 所示。

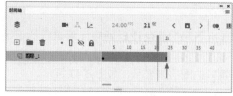

图 6-49 关键帧的延续

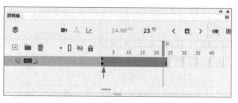

图 6-50 添加了动作的关键帧

红色的小旗表示该帧包含一个帧标签；绿色的双斜杠表示该帧包含注释；金色的锚记表明该帧是一个命名锚记，如图 6-51 所示。

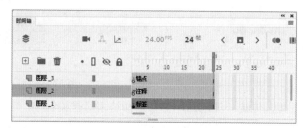

图 6-51 关键帧的不同标记效果

6.2.3 图层的作用

图层可以帮助用户组织文档中的插图，可以在一个图层上绘制和编辑对象，而不会影响其他图层上的对象。在图层上没有内容的舞台区域中，可以透过该图层看到下面的图层。

图层按照功能划分，可以分为普通图层、引导图层和遮罩层，如图 6-52 所示。

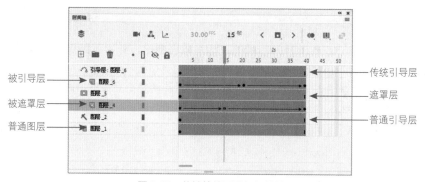

图 6-52 关键帧的不同标记效果

- 普通图层：普通图层是 Animate 默认的图层，放置的对象一般是最基本的动画元素，如矢量对象、位图对象和元件等。普通图层起着存放帧（画面）的作用。使用普通图层可以将多个帧（多幅画面）按照一定的顺序叠放，以形成一幅动画。
- 普通引导层：普通引导层起到辅助静态对象定位的作用，无须使用"被引导层"，可以单独使用，层上的内容不会被输出。
- 被遮罩层：被遮罩层是位于遮罩层下方并与之关联的图层。被遮罩层中只有未被遮罩层覆盖的部分才可见。

- 遮罩层：利用遮罩层可以将与其相链接图层中的图像遮盖起来。可以将多个图层组合起来放在一个遮罩层下，以创建出多种效果。在遮罩层中也可使用各种类型的动画使遮罩层中的对象动起来，但是在遮罩层中不能使用按钮元件。
- 被引导层：被引导层是与传统引导层关联的图层。可以沿引导层上的笔触排列被引导层上的对象，或为这些对象创建动画效果。被引导层可以包含静态图形和传统补间，但不能包含补间动画。
- 传统引导层：在引导层中创建的图形并不随影片的输出而输出，而是作为被引导层的运动轨迹。引导层不会增大作品文件的大小，而且可以多次使用。

6.3　图层的创建与基本操作

创建 Animate 文档时，默认仅包含一个图层。要在文档中组织插图、动画和其他元素，应添加更多图层。可以创建的图层数仅受计算机内存的限制，而且图层不会增加发布的 SWF 文件的大小，只有放入图层的对象才会增加文件的大小。另外，还可以隐藏、锁定或重新排列图层。

6.3.1　创建图层

单击"时间轴"面板右上方的"新建图层"按钮 ⊞，即可创建新图层，如图 6-53 所示。执行"插入"→"时间轴"→"图层"命令，即可在当前图层上方插入一个新图层，如图 6-54 所示。

用户也可以将光标移动到图层名称处并右击，在弹出的快捷菜单中选择"插入图层"命令，即可插入一个新图层，如图 6-55 所示。

图 6-53　单击"新建图层"按钮

图 6-54　"图层"命令

图 6-55　"插入图层"命令

提示

创建一个图层后，该图层将出现在所选图层的上方，新添加的图层将成为活动图层。在制作比较复杂的动画时，可以创建多个图层，分别用于放置不同的图形对象，以免产生混乱。

6.3.2　图层的基本操作

创建图层后，用户可以对图层进行选择、重命名、复制和删除等多种操作，帮助完成各种效果丰富动画的制作。

1. 选择图层

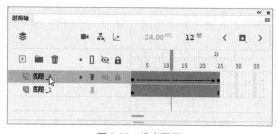

图 6-56　选中图层

如果想要对图层或图层上元素进行各种操作，就必须要先选中图层。Animate 提供了多种选择图层的方法。

单击时间轴中图层的名称或单击时间轴中要选择图层的任意帧，即可选择该图层，被选中图层将显示为蓝色，如图 6-56 所示。选中舞台上元素的同时也将自动选中元素所在图层。

如果需要选择连续的几个图层，可以按住 Shift 键的同时单击时间轴中连续的多个图层中的第 1 个图层名称和最后 1 个图层名称，如图 6-57 所示。如果需要选择多个不连续的图层，则需要按住 Ctrl 键的同时单击时间轴中的多个不连续图层名称，如图 6-58 所示。

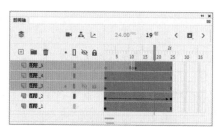

图 6-57　同时选择多个连续的图层

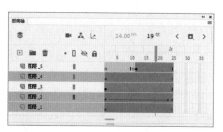

图 6-58　同时选择多个不连续的图层

> **提示**
>
> 选中一个图层时，该图层中的元素也会在画布中被选中，向舞台上添加的任何元素都将被分配给这个图层。

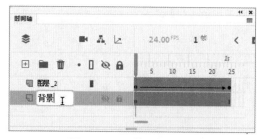

图 6-59　图层的重命名操作

2. 重命名图层

默认情况下，新创建的图层是总是按照图层 _1、图层 _2、图层 _3 的方式顺序命名。为了更好地管理图层内容，可以对图层进行重命名。

双击图层的名称，图层名称会呈蓝色背景显示，处于编辑状态，输入新的名称，在空白位置单击或按 Enter 键即可，如图 6-59 所示。

3. 复制图层

这里所讲的复制图层并不是复制某一个对象或图形，而是将整个图层中的元素，包括图层上的每一帧完整地复制出来。用户可以将复制的内容粘贴到同一时间轴或单独的时间轴中，并且可以复制任何类型的图层。此外，在复制和粘贴图层时，还可以保留图层组的结构。

选中想要复制的图层，执行"编辑"→"时间轴"→"拷贝图层"命令，或在想要复制的图层上右击，在弹出的快捷菜单中选择"拷贝图层"命令，如图 6-60 所示。

选中要插入图层的图层（可以是同一文档或不同文档的某个图层），执行"编辑"→"时间轴"→"粘贴图层"命令或右击，在弹出的快捷菜单中选择"粘贴图层"命令，即可将拷贝的图层粘贴到该图层的上方，如图 6-61 所示。

图 6-60　"拷贝图层"命令

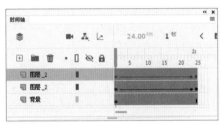

图 6-61　粘贴图层操作

> **提示**
>
> 用户也可以执行"剪切图层"和"粘贴图层"的命令完成复制图层的操作，只是剪切图层的操作将删除原图层。

此外，用户还可以通过执行"编辑"→"时间轴"→"复制图层"命令，或者右击图层，在弹出的快捷菜单中选择"复制图层"命令完成复制图层的操作，复制出的图层将出现在当前图层的上方。

> **提示**
>
> 如果要将图层粘贴到遮罩层或引导层，必须先在该遮罩层或引导层下选择一个图层，然后再粘贴。不能在遮罩层或引导层下粘贴遮罩层、引导层或文件夹图层。

4. 删除图层

选择要删除的图层，单击"时间轴"面板左上方的"删除"按钮 🗑，即可将其删除。也可以直接将要删除的图层拖曳到"删除"按钮上将其删除，如图 6-62 所示。

将光标移动到想要删除图层名称处，右击，在弹出的快捷菜单中选择"删除图层"命令，即可将该图层删除，如图 6-63 所示。

5. 设置图层属性

执行"修改"→"时间轴"→"图层属性"命令或双击图层名左侧的 🔲 图标，或右击图层名称，在弹出的快捷菜单中选择"属性"命令，都可以打开"图层属性"对话框，如图 6-64 所示。用户可在对话框中修改图层的名称、可见性、类型、轮廓颜色和图层高度等属性。

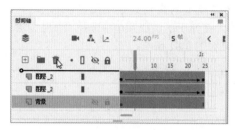

图 6-62　拖曳删除图层　　图 6-63　"删除图层"命令　　图 6-64　"图层属性"对话框

6.3.3　使用文件夹

当 Animate 文档中的图层过多时，管理起来会有诸多不便，会给查找图形对象带来很大的麻烦。此时，可以通过创建图层组的方法来分类管理图层，有效地对图层进行检索，解决图层过多带来的麻烦，提高工作效率。

1. 创建图层文件夹

通过图层文件夹，可以将图层放在一个树形结构中，这样有助于理清工作流程。文件夹中可以包含图层，也可以包含其他文件夹，使用户可以像在计算机中组织文件一样来组织图层。

单击"时间轴"面板中左上方的"新建文件夹"按钮 ，即可创建图层文件夹，如图 6-65 所示；将光标移动到图层名处并右击，在弹出的快捷菜单中选择"插入文件夹"命令，如图 6-66 所示。或者执行"插入"→"时间轴"→"图层文件夹"命令，也可以完成创建图层文件夹的操作。

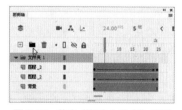

图 6-65　单击"新建文件夹"按钮　　　　图 6-66　"插入文件夹"命令

提示

　　图层文件夹中还可以嵌套文件夹，同样具有许多与图层相同的属性，如锁定 / 解锁、显示 / 隐藏、命名，以及轮廓颜色等。图层文件夹的处理方法与图层几乎是一样的。

2. 将图层移入移出文件夹

将图层移入图层文件夹的操作方法与调整图层顺序类似。选中一个或多个图层,将其拖曳到图层文件夹的下方,出现一条如图 6-67 所示线段。释放鼠标左键,即可将选定的图层移入图层文件夹,图层以缩进方式显示,如图 6-68 所示。

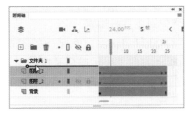

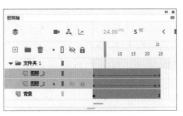

图 6-67 将图层拖入文件夹　　　　　　　图 6-68 文件夹中图层以缩进显示

单击并拖曳图层到图层文件夹的外侧,出现如图 6-69 所示的一条线段,释放鼠标左键,即可将指定图层移出图层文件夹,如图 6-70 所示。

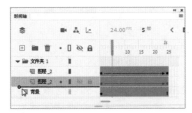

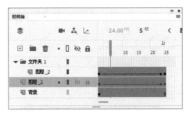

图 6-69 将图层拖出文件夹　　　　　　　图 6-70 将图层移出文件夹效果

3. 展开折叠图层文件夹

图层文件夹名称有一个三角图标,当三角图标向下指时,当前图层文件夹处于展开状态,如图 6-71 所示。当三角图标向右指时,当前图层文件夹处于折叠状态,如图 6-72 所示。

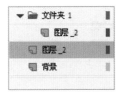

图 6-71 展开图层文件夹　　　　　　　图 6-72 折叠图层文件夹

> **提示**
>
> 在图层文件夹上右击,在弹出的快捷菜单中选择"展开文件夹"或"折叠文件夹"命令,也可以完成展开或折叠文件夹的操作。选择"删除文件夹"命令,即可将当前文件夹删除。

6.4 图层状态

在 Animate 中,可以通过"图层属性"对话框或"时间轴"面板控制图层的状态。

用户不仅可以控制其显示状态，还可以控制图层的显示效果，以方便绘制图形或查看编辑效果。

6.4.1　显示与隐藏图层

在绘制图形制作动画的过程中，有时为了方便查看某个图层中的图形效果，会将部分元素隐藏。图层被隐藏后，将不能对该图层中的任何对象进行编辑。

单击时间轴中图层名称右侧的"眼睛"图标 ◎ ，即可将该图层隐藏，如图 6-73 所示。再次单击，可显示该图层。单击"时间轴"面板上方的"显示或隐藏所有图层"图标 ◎ ，即可隐藏所有图层，如图 6-74 所示。再次单击该图标，即可重新显示所有图层。

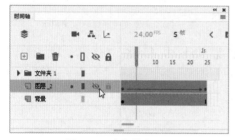
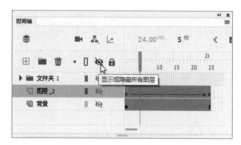

图 6-73　隐藏单个图层　　　　　　　　图 6-74　隐藏所有图层

按住 Alt 键的同时单击图层右侧的"显示或隐藏图层"图标，即可隐藏除当前图层以外的其他所有图层，如图 6-75 所示。再次按住 Alt 键单击"显示或隐藏图层"图标，即可将所有图层显示出来。

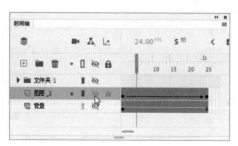

图 6-75　隐藏除单击图层外的图层

小技巧

要显示或隐藏多个连续的图层，可在"显示或隐藏图层"图标队列中上下拖曳。

6.4.2　锁定与解锁图层

在制作比较复杂的动画时，通常会有较多元素和图层参与，为了避免误操作，会将某些图层暂时锁定或永远锁定。

单击图层名称右侧的"锁定或解除锁定图层"图标，即可将该图层锁定，如图 6-76 所示。再次单击"锁定或解除锁定图层"图标，即可解锁该图层。

单击"时间轴"面板顶部的"锁定或解除锁定所有图层"图标，即可将时间轴中所有图层锁定，如图 6-77 所示。再次单击"锁定或解除所有图层"图层，即可解锁所有图层。

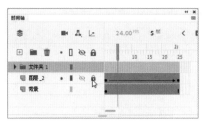

图 6-76　锁定单个图层

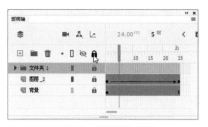

图 6-77　锁定所有图层

按住 Alt 键的同时单击图层右侧的"锁定或解除锁定图层"图标，即可锁定除当前图层以外的其他所有图层，如图 6-78 所示。再次按住 Alt 键单击"锁定或解除锁定图层"图标，即可将所有图层解锁。

要锁定或解锁多个连续图层，可在"锁定或解锁锁定图层"图标队列中上下拖曳。

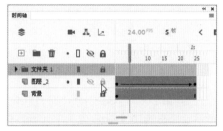

图 6-78　锁定除单击图层外的图层

小技巧

要锁定单个对象而不是锁定整个图层，可以在舞台选定某个对象，执行"修改"→"排列"→"锁定"命令。如果要解除锁定，可以执行"修改"→"排列"→"解除全部锁定"命令。

6.4.3　图层轮廓

为了快速区分图形对象所属的图层，可以以轮廓的方式显示图层内容。使用轮廓显示图层内容还可以减轻系统负担，加快动画显示的速度。

单击图层名右侧的"将图层显示为轮廓"图标，即可将当前图层中的元素显示为轮廓，如图 6-79 所示。不同的图层拥有不同的轮廓颜色。双击图层名称左侧的"将图层显示为轮廓"图标，在弹出的"图层属性"对话框中单击"轮廓颜色"右侧的色块，在弹出的拾色器中选择其他颜色，如图 6-80 所示。

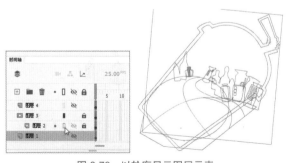

图 6-79　以轮廓显示图层元素

图 6-80　设置轮廓颜色

单击"确定"按钮，即可修改图层轮廓颜色，如图 6-81 所示。单击"时间轴"面板顶部的"将所有图层显示为轮廓"图标，如图 6-82 所示，即可以轮廓的模式显示整个动画场景。再次单击"将所有图层显示为轮廓"图标，将退出轮廓显示模式。

图 6-81　修改轮廓颜色

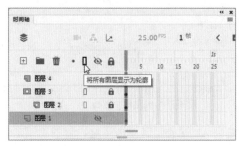

图 6-82　将所有图层显示为轮廓

6.4.4　应用案例——使用绘图纸外观调整动画

Step01 执行"文件"→"打开"命令，将"6.4.4.fla"素材文件打开，效果如图 6-83 所示。单击选中"图层 _2"中元素，按 F8 键将其转换为名称为"角色"的"图形"元件，如图 6-84 所示。

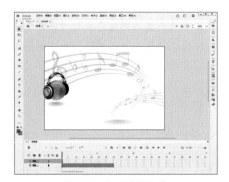

图 6-83　打开素材文件

图 6-84　"转换为元件"对话框

Step02 在"图层 _2"时间轴第 5 帧插入关键帧，单击"时间轴"面板顶部的"绘图纸外观"按钮，如图 6-85 所示。参考第 1 帧元件位置，使用"选择工具"拖曳调整元件到如图 6-86 所示位置。

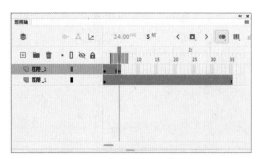

图 6-85　激活"绘图纸外观"

图 6-86　调整元件位置

Step03 单击第 1 帧位置，执行"插入"→"创建传统补间"命令，"时间轴"面板如图 6-87 所示。拖曳第 5 帧上元件位置，效果如图 6-88 所示。

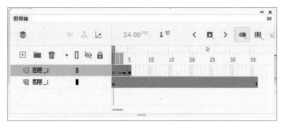

<table>
<tr><td>图 6-87　创建传统补间动画</td><td>图 6-88　拖曳调整元件位置</td></tr>
</table>

Step04 拖曳时间轴刻度上的蓝色或绿色标志，可以调整绘图纸外观观察的范围，如图 6-89 所示。

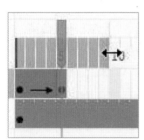

图 6-89　调整绘图纸外观范围

Step05 继续使用相同的方法，在"绘图纸外观"的帮助下制作动画，"时间轴"面板如图 6-90 所示。按组合键 Ctrl+Enter 测试动画，效果如图 6-91 所示。

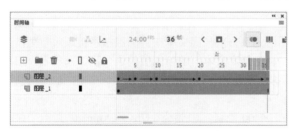

图 6-90　"时间轴"面板　　　　　　　　　　图 6-91　测试动画效果

6.4.5　移动帧

选择需要移动的帧或帧序列，将光标放置在所选帧范围的上方，按下鼠标左键拖曳，如图 6-92 所示。松开鼠标左键，即可移动所选帧到指定位置，如图 6-93 所示。

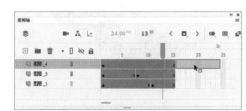
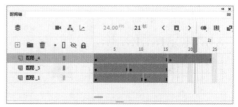

图 6-92　拖曳选中帧　　　　　　　　　　　图 6-93　移动选中帧位置

提示

　　将过渡帧移动位置后，该帧会在新位置自动转换为关键帧。向左或向右移动动画中的关键帧时，会更改动画的播放长度。

6.5　分散到图层

　　在导入外部矢量图形时，通常会将图形对象的所有组成部分导入一个图层中，非常不方便动画的制作。执行"分散到图层"命令，可以将一个或多个图层上的一帧中的对象快速分散到多个独立的图层，以便于将不同类型的补间动画应用到不同的对象上。

　　如果要将文本分散到不同的图层中，需要先执行"修改"→"分离"命令将文本分离，分离后的文本将不再是一个整体，而是被分离成一个个单独的字符，如图 6-94 所示。保持文本的选中状态，执行"修改"→"时间轴"→"分散到图层"命令，即可将不同的文字分散到不同的图层中，如图 6-95 所示。

图 6-94　将文本分离为单个字符

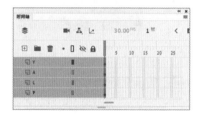

图 6-95　分散到图层

　　分散出的图层将自动插入选中图层的下方。分离文本中的图层按字符顺序排列，可以从左到右、从右到左或从上到下。包含分离文本符的新图层用这个字符来命名，如果新图层中包含图形对象，则新图层名称为图层 _1、图层 _2、图层 _3、……，以此类推。

　　下面制作一个小狗眨眼动画。

　　Step01 新建一个尺寸为 550 像素 ×400 像素，帧频为 12fps 的 Animate 文档，如图 6-96 所示。执行"文件"→"导入"→"导入到舞台"命令，单击弹出对话框中的"导入"按钮，将"8501.ai"导入舞台中，效果如图 6-97 所示。

图 6-96　新建文档

图 6-97　导入素材

Step02 拖曳选中所有对象，执行"修改"→"时间轴"→"分散到图层"命令，"时间轴"面板如图 6-98 所示。拖曳选中所有图层第 10 帧，按 F6 键插入关键帧。使用相同方法在"图层 _2"第 8 帧位置插入关键帧，"时间轴"面板如图 6-99 所示。

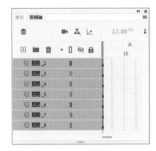

图 6-98 分散到图层效果

图 6-99 时间轴效果

Step03 单击"图层 _2"第 1 帧选中小狗眼睛，按 F8 键，将其转换为名称为"眼睛"的"图形"元件，如图 6-100 所示。选中第 8 帧上图形，绘制图形并将其转换为"名称"为"眼睛 1"的"图形"元件，效果如图 6-101 所示。

图 6-100 转换为元件

图 6-101 制作"眼睛 1"元件

Step04 选中第 10 帧上图形，绘制图形并将其转换为"名称"为"眼睛 2"的"图形"元件，效果如图 6-102 所示。按组合键 Ctrl+Enter 测试动画，效果如图 6-103 所示。

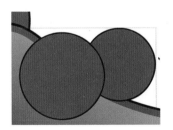

图 6-102 制作"眼睛 2"元件

图 6-103 测试动画效果

6.6 使用场景

使用场景类似于将几个不同的 FLA 文件拼在一起创建一个更丰富复杂的演示文稿。每个场景都有一个时间轴，文档中的帧都是按场景顺序连续编号的。在使用场景时，不需要再考虑管理几个 FLA 文件的问题，因为每个场景都包含在单个的 FLA 文件中。

6.6.1 "场景"面板

执行"窗口"→"场景"命令或按组合键 Shift+F2，打开"场景"面板，如图 6-104 所示。Animate 中的所有场景按照一定的顺序放置在"场景"面板中。

执行"插入"→"场景"命令或单击"场景"面板下方的"添加场景"按钮⊞，即可在当前场景的下方添加一个新的场景，如图 6-105 所示。

图 6-104 "场景"面板

图 6-105 添加场景

若要删除一个场景，应选定相应的场景，单击"场景"面板下方的"删除场景"按钮⬜，系统将弹出提示框，如图 6-106 所示，单击"确定"按钮，即可将当前选中的场景删除。若"场景"面板中只包含一个场景，则该场景无法被删除。

制作动画时，常会出现同一个场景中出现不同元素的情况，为了避免重复操作，提高动画制作效率，可以直接复制一个场景用来制作其他场景动画。单击"场景"面板下方的"重制场景"按钮🖿，即可直接复制选中场景，如图 6-107 所示。

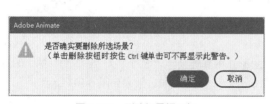

图 6-106 删除场景提示框

图 6-107 复制场景

双击复制场景的名称处，用户可以在激活的文本框中输入新的名称，重新为场景命名，如图 6-108 所示。

图 6-108 重命名场景

6.6.2 更改场景顺序

将光标移动到想要调整顺序的场景名称处，按下鼠标左键上下拖曳，将其移动到新的位置，此时会出现一条蓝色的线段，释放鼠标，即可更改场景的顺序，如图 6-109 所示。

图 6-109 调整场景顺序

动画将按照"场景"面板中的排列顺序从上到下依次播放。

6.6.3 查看特定场景

若要查看指定的场景，可执行"视图"→"转到"命令，子菜单中将显示文档中的所有场景，用户可选择不同的场景进行查看，如图 6-110 所示。

此外，也可以单击文档窗口左上角的"编辑场景"按钮，从弹出的下拉列表中选择不同的场景进行查看，如图 6-111 所示。

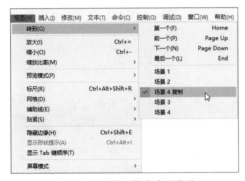

图 6-110 "转到"命令子菜单

图 6-111 单击"编辑场景"按钮

6.7 本章小结

本章中主要针对"时间轴"面板的功能及操作进行讲解，其中图层和帧这两大部分内容尤为重要。了解帧的基本类型并能掌握帧的一系列编辑方法以及图层的基本操作是后期制作 Animate 动画时必不可少的。同时正确应用场景，也可以使动画制作的工作事半功倍。

第 7 章
基本 Animate 动画制作

本章将带领读者学习 Animate 基本动画制作的基本内容。Animate 中的基本动画包括逐帧动画、补间形状动画、传统补间动画和补间动画，本章将针对这些内容进行详细的讲解，读者可以熟练运用 Animate 制作比较简单的动画效果。

本章知识点

（1）掌握逐帧动画的制作方法。
（2）掌握补间形状动画的制作方法。
（3）掌握传统补间动画沿路径运动的制作方法。
（4）掌握补间动画的制作方法。
（5）掌握遮罩动画的制作方法。

7.1 逐帧动画

逐帧动画在每一帧中都会更改舞台内容，它最适合于图像在每一帧中都在变化而不仅是在舞台上移动的复杂动画。逐帧动画增加文件大小的速度比补间动画快得多。在逐帧动画中，Animate 会存储每个完整帧的值。

7.1.1 了解逐帧动画

逐帧动画中每个帧都是关键帧，然后为每个帧创建不同的图像。每个新关键帧最初包含的内容和它前面的关键帧是一样的，因此可以递增地修改动画中的帧。

在 Animate 中可以直接导入图像序列以创建逐帧动画，导入图像序列时，只需选择图像序列的开始帧。当导入图像序列中的图像时，系统会弹出提示框，提示是否导入序列中的所有图像，如图 7-1 所示。

单击"是"按钮，将导入序列中的所有图像制作逐帧动画；单击"否"按钮，则只导入序列中选择的图像。

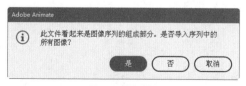

图 7-1　提示框

7.1.2　应用案例——导入并制作逐帧动画

Step01 新建一个尺寸为 550 像素 ×400 像素，帧频为 12fps 的 Animate 文档，如图 7-2 所示。单击"属性"面板中"舞台"后的色块，设置"背景颜色"为 #E1D7BF，效果如图 7-3 所示。

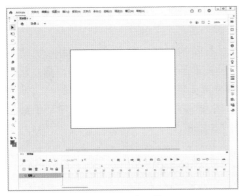

图 7-2　新建文档

图 7-3　设置舞台背景颜色

Step02 按组合键 Ctrl+R，将图像素材 "81301.png"导入舞台，系统将弹出提示框，如图 7-4 所示。

Step03 单击"是"按钮，导入序列图片，舞台效果如图 7-5 所示，"时间轴"面板如图 7-6 所示。

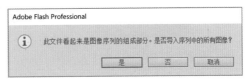

图 7-4　提示框

图 7-5　导入图片序列

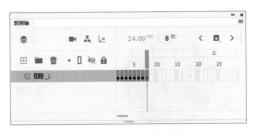

图 7-6　"时间轴"面板

Step04 按组合键 Ctrl+Enter 测试动画，效果如图 7-7 所示。

图 7-7　逐帧动画测试效果

7.2　补间形状动画

电影中经常会看到动物身躯变成人形的场景，这种效果常被称为变形效果。补间形状类似于这种效果，通过改变不同帧上同一个对象的形状获得动画效果。

7.2.1　了解补间形状动画

在动画的起始帧和结束帧位置分别插入不同的对象，然后创建补间形状动画，Animate 将自动创建动画的中间过程。不同于补间动画的是，在形状补间中，插入起始位置和结束位置的对象可以不一样，但必须具有分离属性。

在舞台中绘制一个矩形，如图 7-8 所示。根据动画的长度，在时间轴中动画最后一帧位置按 F7 键，插入一个空白关键帧，如图 7-9 所示。

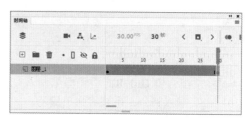

图 7-8　绘制一个矩形　　　　　　　　图 7-9　插入空白关键帧

在舞台上绘制一个椭圆图形，效果如图 7-10 所示。在时间轴第 1 帧上右击，在弹出的快捷菜单中选择"创建补间形状"命令，即可完成补间形状动画的制作，"时间轴"面板如图 7-11 所示。

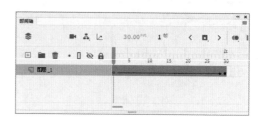

图 7-10　绘制椭圆　　　　　　　　　图 7-11　"时间轴"面板

按组合键 Ctrl+Enter 测试动画，补间形状动画效果如图 7-12 所示。

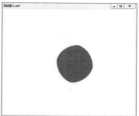

图 7-12　补间形状动画效果

提示

若要对组、实例或位图图像应用形状补间，需要先"分离"这些元素。要对文本应用形状补间，选用"分离"文本两次，将文本转换为图形对象。

7.2.2　使用形状提示

在需要控制更加复杂的形状补间动画时，可以使用形状提示。形状提示会标识起始形状和结束形状中的相对应的点。例如，将具有分离属性的字母 E 变形成为具有分离属性的字母 K，变化过程没有任何规律，如图 7-13 所示。

图 7-13　动画效果

单击形状补间动画的第一帧位置，执行"修改"→"形状"→"添加形状提示"命令，形状提示将在该形状中显示一个带有字母 a 的红色圆圈，如图 7-14 所示。通过拖曳可以调整形状提示的位置，如图 7-15 所示。在形状补间动画最后一帧位置中拖曳形状提示与第一帧上的形状提示相对应，如图 7-16 所示。

可以为同一个图形添加多个形状提示，如图 7-17 所示。形状提示包含从 a～z 的字母，用于识别起始形状和结束形状中相对应的点。最多可以使用 26 个形状提示。

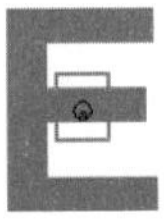

| 图 7-14　添加形状提示 | 图 7-15　移动形状提示 | 图 7-16　对应形状提示 | 图 7-17　添加形状提示开始和结束对应点 |

提示

当起始帧与结束帧的标记都移动到要标记的点上时，起始帧中的标记将变成黄色。

此时，变化过程会根据相对应的点有规律地变形，如图 7-18 所示。

图 7-18　动画效果

小技巧

当包含形状提示的图层和关键帧处于活动状态下时，执行"视图"→"显示形状提示"命令，可显示所有形状提示。如果要删除某个形状提示，将其拖离舞台即可。执行"修改"→"形状"→"删除所有提示"命令，可删除所有形状提示。

7.2.3 应用案例——制作动画转场效果

Step01 新建一个尺寸为 600 像素 ×400 像素，帧频为 32fps 的 Animate 文档。将"112201.jpg"素材导入舞台中，效果如图 7-19 所示。在时间轴第 60 帧位置按 F5 键，插入帧，"时间轴"面板如图 7-20 所示。

图 7-19 导入素材

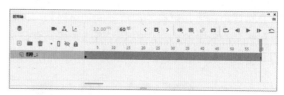

图 7-20 "时间轴"面板

Step02 新建"图层 _2"，将"112202.jpg"素材导入舞台中，效果如图 7-21 所示。新建"图层 _3"，使用"矩形工具"在场景中绘制一个如图 7-22 所示矩形。

图 7-21 新建图层并导入素材

图 7-22 新建图层并绘制矩形

Step03 分别在"图层 _3"第 11 帧和第 30 帧位置插入关键帧，"时间轴"面板如图 7-23 所示。选中第 11 帧上图形，使用"任意变形工具"调整矩形的角度和大小，并移动到如图 7-24 所示位置。

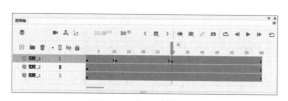

图 7-23 "时间轴"面板

图 7-24 变形图形

Step04 选中第 30 帧上图形，使用"任意变形工具"调整矩形大小，效果如图 7-25 所示位置。分别在第 1 帧和第 11 帧创建补间形状动画，"时间轴"面板如图 7-26 所示。

图 7-25 调整矩形大小

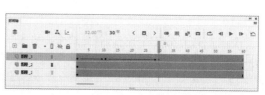

图 7-26 创建补间形状动画

Step 05 单击第 1 帧，执行"修改"→"形状"→"添加形状提示"命令，将字母 a 拖曳到矩形左上角，如图 7-27 所示。使用相同方法，分别为其他三个顶点添加形状提示，如图 7-28 所示。单击第 11 帧位置，拖曳调整形状提示到如图 7-29 所示位置。

图 7-27　添加形状提示　　图 7-28　调整形状提示　　图 7-29　调整结束帧形状提示

Step 06 将光标移动到"图层 _3"名称处，右击，在弹出的快捷菜单中选择"遮罩层"命令，如图 7-30 所示。"时间轴"面板如图 7-31 所示。

 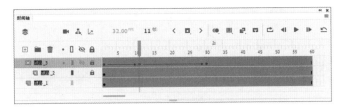

图 7-30　"遮罩层"命令　　　　　　　图 7-31　"时间轴"面板

Step 07 按组合键 Ctrl+Enter 测试动画，效果如图 7-32 所示。

图 7-32　测试动画效果

7.3　传统补间动画

传统补间动画是利用动画对象起始帧和结束帧建立补间，创建动画的过程是先定起始帧和结束帧位置，然后创建动画。这个过程中，Animate 将自动完成起始帧与结束帧之间的过渡动画。

7.3.1　了解传统补间动画

传统补间动画在起始帧和结束帧两个关键帧中定义，两个关键帧中的内容必须是同一个元件，可以对元件进行变形等操作。用户可以执行"插入"→"传统补间"命令，在两个关键帧之间创建传统补间动画。

在舞台中导入素材图像，将其转换为元件并调整大小和位置，如图 7-33 所示。在第 50 帧插入关键帧，将飞机元件移动到适当位置并放大，如图 7-34 所示。

图 7-33　导入素材图像

图 7-34　调整元件大小

确定了起始帧和结束帧后，在它们之间右击，在弹出的快捷菜单中选择"创建传统补间"命令，即可创建传统补间动画，"时间轴"面板如图 7-35 所示。

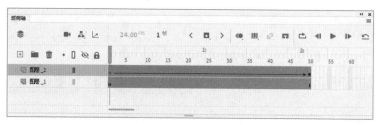

图 7-35　"时间轴"面板

在传统补间动画中，只有关键帧是可编辑的。如果想要编辑补间帧，则需要修改关键帧，或在起始帧和结束帧之间插入一个新的关键帧。

小技巧

如果影片讲解元件中动画序列的帧数不是文档中图形实例占用帧数的偶数倍，可以执行"修改"→"时间轴"→"同步元件"命令，重新计算补间的帧数，从而匹配时间轴上分配给它的帧数。

创建传统补间动画后，可以对动画效果进行更精细的控制。选择传统补间动画上的任意一帧，在"属性"面板中可以对该补间的相关参数进行设置，如图 7-36 所示。

图 7-36　补间的相关设置选项

7.3.2　创建缓动预设

在"属性"面板"缓动"下拉文本框中选择"属性（一起）"选项，用户可以为物体上对象应用一种缓动选项。

单击"效果"选项后的"Classic Ease（传统缓动）"按钮，用户可在弹出的面板中选择任意一种缓动效果，如图 7-37 所示。单击"编辑缓动"按钮 ✏，用户可以在弹出的"自定义缓动"对话框中手动调整缓动效果，如图 7-38 所示。

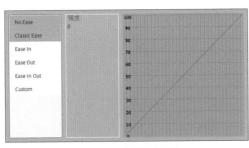

图 7-37　缓动效果预设

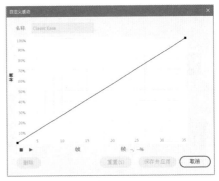

图 7-38　自定义缓动

如果选择应用传统缓动，可以通过移动"缓动强度"滑块来增大或减小缓动强度。

在"属性"面板"缓动"下拉文本框中选择"属性（单独）"选项，用户可以为传统补间的位置、旋转、缩放、颜色和滤镜属性选择位移的缓动预设，如图 7-39 所示。

* 位置：为舞台上动画对象的位置指定缓动设置。
* 旋转：为舞台上动画对象的旋转指定缓动设置。
* 缩放：为舞台上动画对象的缩放指定缓动设置。
* 颜色：为应用于舞台上动画对象的颜色转变指定缓动设置。
* 滤镜：为应用于舞台上动画对象的滤镜指定缓动设置。

图 7-39　"属性（单独）"缓动

7.3.3　应用案例——制作停车动画效果

Step01 新建一个尺寸为 550 像素 ×400 像素，帧频为 24fps 的 Animate 文档，如图 7-40 所示。按组合键 Ctrl+F8 新建一个"名称"为"车身"的图形元件，如图 7-41 所示。

Step02 按组合键 Ctrl+R 将图片素材"车身 .png"导入舞台中，如图 7-42 所示。再次新建一个名称为"车轮"的"图形"元件并将图片素材"车轮 .png"导入舞台中，效果如图 7-43 所示。

Step03 返回"场景 1"，将"车身"元件从"库"面板中拖曳到舞台中并调整大小和位置，如图 7-44 所示。新建"图层 _2"，将"车轮"元件从"库"面板中拖曳到舞台并对齐车身，如图 7-45 所示。

图 7-40　"新建文档"对话框

图 7-41　新建图形元件

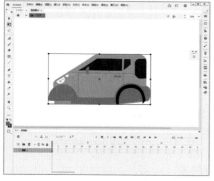

图 7-42　导入图片素材

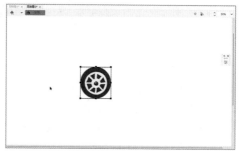

图 7-43　新建元件并导入素材

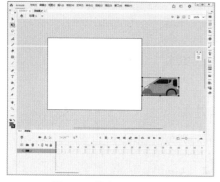

图 7-44　拖曳元件到舞台

图 7-45　拖曳元件并对齐车身

Step 04 拖曳选中时间轴所有图层第 60 帧位置，按 **F6** 键插入关键帧并将元件拖曳到如图 7-46 所示位置。分别为两个图层创建传统补间动画，"时间轴"面板如图 7-47 所示。

Step 05 单击"图层 _2"补间动画任 1 帧，在"属性"面板中选择"顺时针"旋转，如图 7-48 所示。单击"缓动效果"按钮，在弹出的面板中双击 **Ease Out** 选项下的 **Quart** 选项，为轮子添加缓出动画效果，如图 7-49 所示。

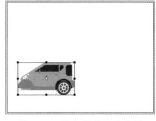

图 7-46　拖曳调整元件位置

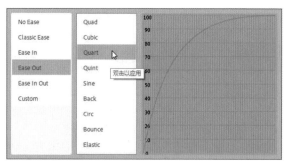

图 7-47　"时间轴"面板 1

图 7-48　添加旋转

图 7-49　选择缓动效果

Step06 新建"图层 _3",使用相同方法制作另一个车轮的旋转缓动动画效果,如图 7-50 所示。为"图层 _1"添加缓动效果,"时间轴"面板如图 7-51 所示。

图 7-50　制作另一个车轮动画

图 7-51　"时间轴"面板 2

Step07 按组合键 Ctrl+Enter 测试动画,观察停车动画效果,如图 7-52 所示。

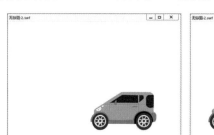

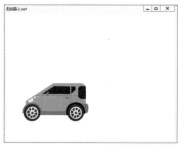

图 7-52　停车动画效果

7.3.4　创建路径动画

在 Animate 中可以将传统补间动画与绘制路径相结合，使元件实例沿路径进行运动。创建引导层的方法有两种，除了将现有图层转换为引导层外，还可以在当前图层的上方添加传统运动引导层，在添加的引导层中绘制所需的路径，使用传统补间动画层中的元件实例沿路径运动。

在将要作为引导图层的图层名处右击，在弹出的快捷菜单中选择"引导层"命令，即可将该图层转换为引导层，如图 7-53 所示。在将要作为被引导图层的图层名处右击，在弹出的快捷菜单中选择"添加传统运动引导层"命令，即可在该图层上方新建一个引导层，如图 7-54 所示。

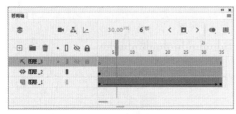
图 7-53　创建引导层

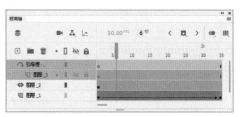
图 7-54　添加传统运动引导层

7.3.5　应用案例——创建传统引导层动画

Step 01 新建一个尺寸为 550 像素 ×400 像素，帧频为 12fps 的 Animate 文档，如图 7-55 所示。按组合键 Ctrl+R，将图像素材"83602.jpg"导入舞台，如图 7-56 所示。

图 7-55　"新建文档"对话框

图 7-56　导入图片素材

Step 02 按组合键 Ctrl+F8，新建一个"名称"为"自行车"的"图形"元件，如图 7-57 所示。将图像素材"83601.png"导入舞台，效果如图 7-58 所示。单击编辑栏中的"场景 1"名称，返回主场景中。

Step 03 在时间轴第 25 帧位置按 F5 键插入帧，新建"图层 _2"，将"自行车"元件从"库"面板中拖曳到舞台中，使用"任意变形工具"调整其大小和中心点位置如图 7-59 所示。在第 25 帧位置按 F6 键插入关键帧，并为第 1 帧创建传统补间动画，如图 7-60 所示。

图 7-57 导入素材图像

图 7-58 导入素材图像

图 7-59 拖入元件

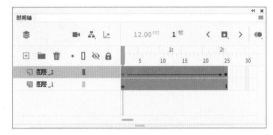

图 7-60 创建传统补间动画

Step04 在"图层 _2"名称处右击，在弹出的快捷菜单中选择"添加传统运动引导层"命令，"时间轴"面板如图 7-61 所示。设置"填充颜色"为无，"笔触颜色"为任意颜色，按住 Shift 键，使用"椭圆工具"在舞台中绘制圆形轮廓，如图 7-62 所示。

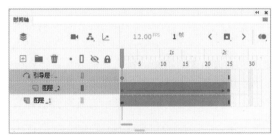

图 7-61 "时间轴"面板

图 7-62 绘制圆形轮廓

Step05 使用"选择工具"选择部分路径，按 Delete 键将其删除，传统补间动画起始帧中的对象中心将自动对齐路径，如图 7-63 所示。单击"图层 _2"中的第 25 帧，拖曳元件实例将中心与路径对齐，如图 7-64 所示。

图 7-63 删除部分路径

图 7-64 将元件中心与路径对齐

Step06 单击传统补间动画中的任意一帧，在"属性"面板中勾选"调整到路径"复选框，如图 7-65 所示。按组合键 Ctrl+Enter 测试动画，效果如图 7-66 所示。

图 7-65　调整到路径

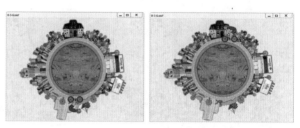

图 7-66　测试动画效果

7.4　补间动画

补间动画是通过为不同帧中的对象指定不同的属性值而创建的动画，Animate 将自动计算两个帧之间该对象的属性值。

7.4.1　了解补间动画

将元件拖曳到时间轴上创建关键帧，单击选中该关键帧，执行"插入"→"创建补间动画"命令或在时间轴上右击，在弹出的快捷菜单中选择"创建补间动画"命令，即可为关键帧插入补间动画，如图 7-67 所示。补间范围在时间轴中显示为具有金色背景的单个的图层中的一组帧，如图 7-68 所示。

图 7-67　创建补间动画

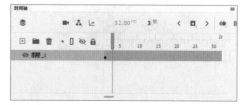

图 7-68　补间范围

默认情况下的补间范围与当前文档的帧频相同。单击补间范围中的任一帧，用户可以通过拖曳调整当前帧上对象的位置或者在"属性"面板的"色彩效果"选项中修改对象的亮度、Alpha 和色调等属性，自动生成补间动画，如图 7-69 所示。自动生成补间动画的"时间轴"面板如图 7-70 所示。

图 7-69　"色彩效果"选项

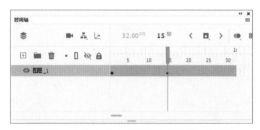

图 7-70　自动生成补间动画的"时间轴"面板

选中补间范围中的任一帧，执行"插入"→"删除补间动画"命令或在时间轴上右击，在弹出的快捷菜单中选择"删除补间动画"命令，即可删除该关键帧上补间动画，如图 7-71 所示。

提示

补间动画是一种在最大程度地减小文件大小的同时，创建随时间移动和变化的动画的有效方法。在补间动画中，只有用户指定的属性关键帧的值存储在 FLA 文件和发布的 SWF 文件中。

7.4.2　编辑补间动画路径

通过移动帧上对象位置制作的补间动画，将自动显示运动路径，如图 7-72 所示。用户可以通过以下方法对补间运动路径进行调整。

* 在补间范围的任何帧中更改对象的位置。
* 使用"选择工具""部分选择工具"或"任意变形工具"更改路径的形状或

图 7-71　删除补间动画

图 7-72　显示运动路径

大小。使用"选择工具"可通过拖动方式改变线段的形状，如图 7-73 所示。使用"部分选择工具"可公开路径上对应于每个位置属性关键帧的控制点和贝塞尔手柄，可使用这些手柄改变属性关键帧点周围的路径形状，效果如图 7-74 所示。

图 7-73 改变运动路径为曲线　　　　　　　图 7-74 显示运动路径锚点方向线

- 使用"变形"和"属性"面板更改路径的形状或大小。单击选择舞台中的路径，"属性"面板中将会显示相应的"路径"选项，如图 7-75 所示。
- 使用"修改"→"变形"菜单中的命令，如图 7-76 所示。

图 7-75 "变形"和"属性"面板　　　　　　图 7-76 "变形"菜单中的命令

7.4.3 应用案例——创建补间动画

Step01 新建一个尺寸为 600 像素 ×400 像素，帧频为 6fps 的 Animate 文档，如图 7-77 所示。按组合键 Ctrl+F8，新建一个"名称"为"云朵"的"图形"元件，如图 7-78 所示。

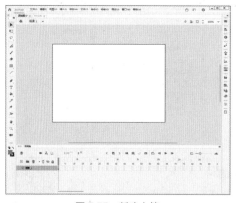

图 7-77 新建文档　　　　　　　图 7-78 "创建新元件"对话框 1

Step02 按组合键 Ctrl+R，将图像素材"84302.png"导入舞台，如图 7-79 所示。按组合键 Ctrl+F8，新建一个"名称"为"云朵飘动"的"影片剪辑"元件，如图 7-80 所示。

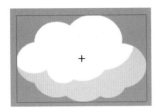

图 7-79 导入素材图像

图 7-80 "创建新元件"对话框 2

Step 03 将"云朵"图形元件从"库"面板中拖曳到舞台中，并为第 1 帧创建补间动画，如图 7-81 所示。在时间轴第 24 帧位置按 F5 键插入帧，调整补间动画范围，如图 7-82 所示。

图 7-81 创建补间动画

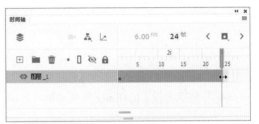

图 7-82 调整补间动画范围

Step 04 分别在时间轴第 12 帧和第 25 帧位置按 F6 键插入关键帧，如图 7-83 所示。使用"选择工具"水平向右移动第 12 帧中元件实例的位置，如图 7-84 所示。

图 7-83 插入关键帧

图 7-84 移动元件位置

Step 05 退出影片剪辑编辑状态，返回主场景，按组合键 Ctrl+R，将图像素材"84301.jpg"导入舞台，如图 7-85 所示。多次将"云朵飘动"影片剪辑元件从"库"面板中拖入舞台中并调整为不同大小，如图 7-86 所示。

图 7-85 导入素材图像

图 7-86 拖入元件并复制多次

Step 06 单击左上方的"云朵飘动"元件实例，在"属性"面板中设置元件循环播放，如图 7-87 所示。使用相同的方法，设置其他影片剪辑元件实例并在第 25 帧位置按 F5 键插入帧，如图 7-88 所示。

图 7-87　设置"属性"面板

图 7-88　"时间轴"面板

Step 07 按组合键 Ctrl+Enter 测试动画，效果如图 7-89 所示。

图 7-89　测试动画效果

7.4.4　应用案例——将自定义笔触作为运动路径

Step 01 新建一个尺寸为 550 像素 ×400 像素，帧频为 12fps 的 Animate 文档。在"属性"面板中将"舞台"颜色设置为 #5BBAED，效果如图 7-90 所示。将图像素材"84501. png"导入舞台中，如图 7-91 所示。

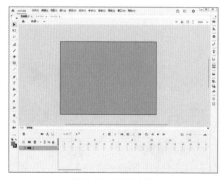

图 7-90　新建文档

图 7-91　导入素材图像

Step 02 在时间轴第 25 帧位置按 F5 键插入帧，"时间轴"面板如图 7-92 所示。新建
"图层 _2"，将图像素材"84502.png"导入舞台并调整其大小和位置，如图 7-93 所示。

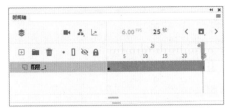

图 7-92　"时间轴"面板 1　　　　　　　　图 7-93　导入素材图像

Step 03 按 F8 键将图像转换成"名称"为"渡船"的"图形"元件，如图 7-94 所示。
单击"图层 _2"第 1 帧，执行"插入"→"创建补间动画"命令，"时间轴"面板如图
7-95 所示。

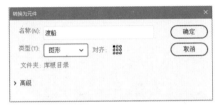
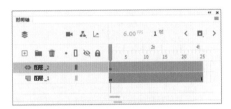

图 7-94　"转换为元件"对话框　　　　　　图 7-95　创建补间动画

Step 04 单击"图层 _2"第 25 帧位置，拖曳调整舞台中"渡船"元件实例的位置，如
图 7-96 所示。新建"图层 _3"，使用"铅笔工具"在舞台中绘制路径，如图 7-97 所示。

图 7-96　移动元件位置并旋转角度　　　　　图 7-97　绘制路径

Step 05 使用"选择工具"选择路径，按组合键 Ctrl+C 复制路径，选择"图层 2"整
个补间范围，如图 7-98 所示。按组合键 Ctrl+Shift+V，补间路径将与绘制的路径完全吻
合，如图 7-99 所示。

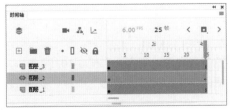

图 7-98　选择补间范围　　　　　　　　　图 7-99　粘贴路径

提示

执行此步骤注意，一定要选择整个补间范围，如果只是选择了补间动画中的某一帧，粘贴路径操作将无效。

Step06 选中"图层_2"第12帧中"渡船"元件实例并调整其角度，效果如图7-100所示。选中"图层_3"，单击"时间轴"面板左上方"删除"按钮，删除"图层3"，"时间轴"面板如图7-101所示。

图 7-100　调整元件实例旋转角度

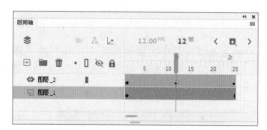

图 7-101　"时间轴"面板 2

Step07 按组合键 Ctrl+Enter 测试动画，效果如图 7-102 所示。

图 7-102　测试动画效果

7.5　遮罩动画

遮罩动画能够制作出许多创意的动画效果，比如聚光灯效果、过光效果、动态效果等。遮罩动画的概念非常容易理解，即限制动画的显示区域。在实际动画制作中，很多动画都会使用到此功能。

7.5.1　了解遮罩层

创建遮罩动画至少需要两个图层，即遮罩层和被遮罩层，如图7-103所示。将光标移动到上方图层名称处右击，在弹出的快捷菜单中选择"遮罩层"命令，如图7-104所示。即可完成遮罩动画的制作。

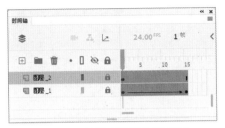

图 7-103　遮罩动画需要两个图层　　　　　　　　图 7-104　"遮罩层"命令

遮罩层位于最上方，是用于设置待显示区域的图层；被遮罩层位于遮罩层的下方，是用来插入待显示区域对象的图层，如图 7-105 所示。

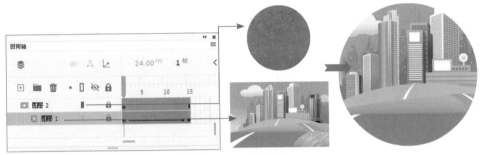

图 7-105　遮罩动画

创建遮罩层动画之后，将光标移动到被遮罩图层名处。按下鼠标左键向左拖曳，此时会出现一条黑色的线段，如图 7-106 所示。释放鼠标，即可断开与遮罩层的链接，如图 7-107 所示。

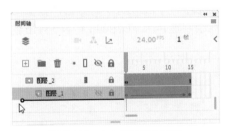

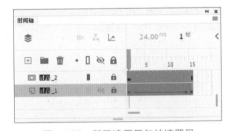

图 7-106　向左拖动被遮罩层　　　　　　　　　图 7-107　断开遮罩层与被遮罩层

用户可以使用相同的方法，将其他图层直接拖曳到遮罩层下与遮罩层建立链接，如图 7-108 所示。一般情况下，一个遮罩动画中只能有一个遮罩层，却可以同时存在多个被遮罩图层。

也可以选择被遮罩层，执行"修改"→"时间轴"→"图层属性"命令，在弹出的"图层属性"对话框中选择"一般"选项，如图 7-109 所示。单击"确定"按钮，即可将被遮罩层转为普通的图层。取消链接后的被遮罩层中的内容将不再受遮罩层的影响。

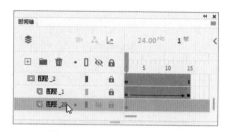

图 7-108 与遮罩层建立链接

图 7-109 "图层属性"对话框

7.5.2 应用案例——创建遮罩层动画

Step 01 打开素材文件"91201.fla",效果如图 7-110 所示。按组合键 **Ctrl+F8**,新建一个名称为"转动"的"影片剪辑"元件,如图 7-111 所示。

图 7-110 舞台效果

图 7-111 "创建新元件"对话框

Step 02 使用"矩形工具"绘制一个"填充颜色"为 #E9D3C9 的矩形,效果如图 7-112 所示。使用"画笔工具",在矩形中分别绘制颜色为 #D7B09F 和 #C58970 的圆点,如图 7-113 所示。

图 7-112 绘制矩形

图 7-113 绘制圆点图形

Step 03 使用"选择工具"将图形全选,然后按 F8 键,将其转换成名为"球面"的"图形"元件,如图 7-114 所示。单击"确定"按钮,为第 1 帧创建补间动画,如图 7-115 所示。

图 7-114 "转换为元件"对话框

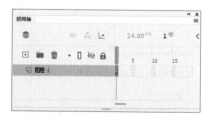

图 7-115 创建补间动画

Step 04 单击第 24 帧，将舞台中元件实例向左移动，如图 7-116 所示。新建"图层
2"，"时间轴"面板如图 7-117 所示。

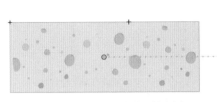

图 7-116　向左移动元件实例

图 7-117　"时间轴"面板

Step 05 使用"椭圆工具"在图形左侧绘制一个正圆形，如图 7-118 所示。右击"图
层 2"的名称处，在弹出的快捷菜单中选择"遮罩层"命令，将该图层转为遮罩层，如图
7-119 所示。

图 7-118　绘制正圆形

图 7-119　创建遮罩层

Step 06 新建"图层 3"，使用绘图工具分别绘制"填充颜色"为 #996600，Alpha 为
13% 和 20% 的图形，如图 7-120 所示。返回主场景，将"转动"影片剪辑元件从"库"
面板中拖曳到舞台中，如图 7-121 所示。

Step 07 完成动画的制作，按组合键 Ctrl+Enter 测试动画，效果如图 7-122 所示。

图 7-120　绘制图形

图 7-121　拖入元件

图 7-122　测试动画效果

7.5.3　应用案例——制作百叶窗动画效果

Step 01 新建一个尺寸为 780 像素 ×528 像素，帧频为 12fps 的 Animate 文档。新建一
个"名称"为"矩形"的"影片剪辑"元件，如图 7-123 所示。使用"矩形工具"在舞
台中绘制一个尺寸为 20 像素 ×530 像素的矩形，如图 7-124 所示。

Step 02 在时间轴第 20 帧位置按 F6 键插入关键帧，使用"任意变形工具"调整矩形
宽度，效果如图 7-125 所示。在两个关键帧间右击，在弹出的快捷菜单中选择"创建补
间形状"命令，"时间轴"面板如图 7-126 所示。

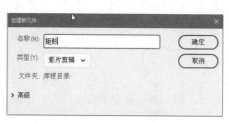

图 7-123　创建新元件

图 7-124　绘制矩形

图 7-125　调整矩形宽度

图 7-126　创建补间形状动画

Step03 新建"图层 _2"，在时间轴第 21 帧位置按 **F7** 键插入空白关键帧，打开"动作"面板，输入"stop()；"脚本，如图 7-127 所示。"时间轴"面板如图 7-128 所示。

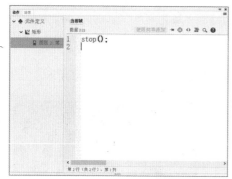

图 7-127　输入脚本

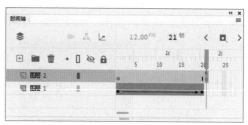

图 7-128　"时间轴"面板 1

Step04 新建一个名称为"百叶窗"的"影片剪辑"元件，如图 7-129 所示。将"矩形"元件从"库"面板中拖曳到舞台中并复制多个，效果如图 7-130 所示。

图 7-129　新建"百叶窗"元件

图 7-130　复制图层

Step05 新建一个名称为"汽车 1"的"影片剪辑"元件，如图 7-131 所示。将图片素材"121301.jpg"导入舞台中，效果如图 7-132 所示。

图 7-131　新建"汽车 1"元件

图 7-132　导入图片素材 1

Step06 新建"图层 _2"，将图片素材"121302.jpg"导入舞台中，效果如图 7-133 所示。新建"图层 _3"，将"百叶窗"元件从"库"面板中拖曳到舞台中，调整大小和位置覆盖图片，效果如图 7-134 所示。

图 7-133　导入图片素材 2

图 7-134　拖曳"百叶窗"元件

Step07 在"图层 _3"名称处右击，在弹出的快捷菜单中选择"遮罩层"命令，"时间轴"面板如图 7-135 所示。使用相同的方法，制作其他几个影片剪辑元件，如图 7-136 所示。

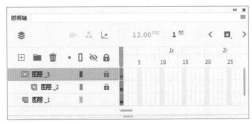

图 7-135　创建遮罩层

图 7-136　其他影片剪辑元件

Step08 返回"场景 1"，将"汽车 1"元件从"库"面板中拖曳到舞台中，效果如图 7-137 所示。在时间轴第 20 帧位置插入空白关键帧，将"汽车 2"元件拖曳到舞台中，效果如图 7-138 所示。

图 7-137　拖曳"汽车 1"元件

图 7-138　拖曳"汽车 2"元件

Step09 继续使用相同的方法，将"汽车 3"拖曳到第 40 帧，将"汽车 4"拖曳到第 60 帧位置，在第 80 帧位置插入帧，"时间轴"面板如图 7-139 所示。

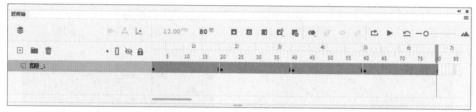

图 7-139　"时间轴"面板 2

Step10 完成该动画的制作，按组合键 Ctrl+Enter 测试动画，效果如图 7-140 所示。

图 7-140　测试动画效果

7.6　本章小结

　　本章主要讲解使用 Animate 制作逐帧动画、补间形状动画、传统补间动画和补间动画等基本动画的方法和技巧，同时对路径跟随动画和遮罩动画也进行了讲解，帮助读者在理解制作 Animate 动画原理的同时，能够正确区分不同元件和图层在制作动画时的特点及作用。

本章将对 Animate 中高级动画的制作进行讲解，主要包括摄像头动画、3D 动画和反向运动动画等内容。高级 Animate 动画的制作是建立在基础 Animate 动画上的。掌握高级图层、3D 工具、骨骼工具和资源变形工具的使用方法，能够帮助读者制作出效果更丰富、立体空间感更强的动画效果。

本章知识点

（1）掌握高级图层的概念。
（2）掌握 3D 动画的概念和原理。
（3）掌握 3D 旋转和 3D 平移工具的使用。
（4）掌握骨骼工具和绑定工具的使用。
（5）掌握资源变形工具的使用。

8.1 使用高级图层

高级图层模式默认启用。用户可以通过执行"修改"→"文档"命令，在弹出的"文档设置"对话框中勾选"使用高级图层"复选框，激活高级图层模式。

提示

在 Animate 中使用高级图层时，所发布的动画项目的大小可能会增大。

8.1.1 应用图层效果

滤镜和色彩效果过去仅适用于影片剪辑。利用高级图层，滤镜和色彩效果现在可应用于一个选定帧，从而应用到该帧内的所有内容，包括形状、绘制对象、图形元件等。此外，也可使用传统、形状和跨帧 IK 补间对图层效果进行补间。

用户可以通过选择所需的帧来将图层效果应用到单个或多个帧上。也可以通过选中整个图层将图层效果应用到图层的所有帧上。此外，还可以将图层效果应用到元件的时间轴上，例如影片剪辑和图形元件以及所有场景中。

- 使用帧滤镜

选中时间轴上特定帧，单击"属性"面板"滤镜"选项中的"添加滤镜"按钮 +，在弹出的下拉列表中任选一种滤镜添加到帧上，如图 8-1 所示。

● 使用色彩效果

选中时间轴上特定帧，单击"属性"面板"色彩效果"选项中的"颜色样式"下拉列表，在弹出的下拉列表中选择所需的颜色属性，为选中帧添加色彩效果，如图 8-2 所示。

● 使用混合模式

选中时间轴上特定帧，单击"属性"面板"混合"选项中的"混合模式"下拉列表，在弹出的下拉列表中选择一种混合模式，即可为选中帧应用混合模式，如图 8-3 所示。

图 8-1　添加帧滤镜　　　　图 8-2　添加色彩效果　　　　图 8-3　添加混合模式

> **提示**
>
> 在图层或帧上应用混合模式时，会应用其全部内容，包括形状、绘制对象和图形元件。两个图层中的所有对象，都将根据应用于该帧的混合模式进行混合。

8.1.2　使用摄像头

Animate 为用户提供了可模拟真实动画的摄像机，帮助用户制作更加逼真的动画效果。

单击工具箱中的"摄像头"按钮■或单击"时间轴"面板中的"添加 / 删除摄像头"图标■，即可创建一个摄像头图层，如图 8-4 所示。舞台中同时出现摄像头缩放控件，如图 8-5 所示。

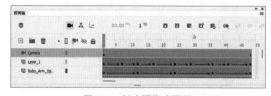　　

图 8-4　创建摄像头图层　　　　图 8-5　摄像头缩放控件

单击缩放控件按钮，拖动滑块或设置摄像头"属性"面板中的"缩放"值，即可实现缩放摄像头的操作，如图 8-6 所示。

图 8-6　缩放摄像头操作

单击旋转控件按钮，拖动滑块或设置摄像头"属性"面板中的"旋转"值，即可实现旋转摄像头的操作，如图 8-7 所示。

图 8-7　旋转摄像头操作

单击摄像头图层中的任意位置，将光标移动到舞台摄像头定界框上，按下鼠标左键拖曳或设置摄像头"属性"面板中 x 和 y 的值，即可完成平移摄像头的操作，如图 8-8 所示。

单击"属性"面板中的重置按钮￿，即可重置使用摄像头对缩放、旋转和平移所做的修改。

图 8-8　平移摄像头操作

提示

如果在访问摄像头或图层深度功能时发现任何问题，请检查高级图层是否已启用。如果禁用，请将其启用，以获得所需的行为。

8.1.3　应用图层深度

执行"窗口"→"图层深度"命令或单击"时间轴"面板上方的"单击以调用图层深度面板"图标￿，弹出"图层深度"面板，如图 8-9 所示。用户可以通过"图层深度"面板更改图层的深度，将图层置于 2D 动画的不同平面中，创建深度感，效果如图 8-10 所示。

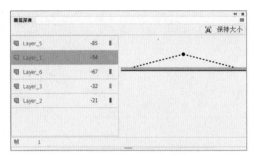

图 8-9　"图层深度"面板 1　　　　　　　　　图 8-10　深度感效果

图层深度值显示在指定帧的每个图层名称的右侧，用户可以在 –5000 ~ 10000 的范围内设置图层深度的最小值和最大值，负值表示更近的对象，正值表示更远的对象。也可以将光标移动到每个数值上，按下鼠标左键，向左拖曳可增大深度，向右拖曳可减小深度。

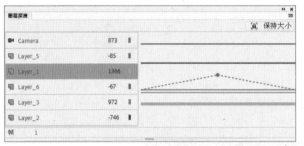

每个图层在"图层深度"面板中使用唯一的彩色线条表示，用户可以在"时间轴"面板中查看每一个图层的颜色。通过在"图层深度"面板中向上或向下移动彩色线段，可以实现增大或减小每个图层中对象的深度，如图 8-11 所示。

图 8-11　"图层深度"面板 2

提示

单击"图层深度"面板右上角的"保持大小"按钮，可以在不改变舞台中对象大小的前提下，更改对象的图层深度。

8.1.4　应用案例——制作摄像头景深动画

Step 01 将素材文件"8140.fla"打开，效果如图 8-12 所示。单击"时间轴"面板上方的"单击以调用图层深度面板"按钮，弹出"图层深度"面板，如图 8-13 所示。

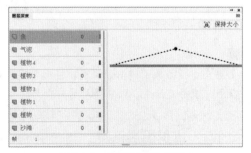

图 8-12　打开素材文件　　　　　　　　图 8-13　"图层深度"面板 1

Step 02 选中"植物 4"图层，向上拖曳右侧紫色线条，如图 8-14 所示。调整"植物 4"元件的景深，效果如图 8-15 所示。

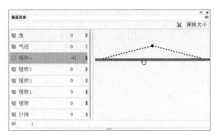

图 8-14　拖曳紫色线条

图 8-15　调整元件景深

Step03 继续使用相同的方法，调整其他图层的景深，效果如图 8-16 所示。选中"鱼"图层，执行"修改"→"时间轴"→"分散到图层"命令，"时间轴"面板如图 8-17 所示。

图 8-16　调整其他图层景深

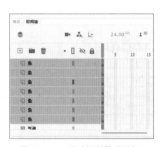

图 8-17　"时间轴"面板 1

Step04 继续使用相同的方法，调整鱼的景深，效果如图 8-18 所示。调整景深后的"图层深度"面板如图 8-19 所示。

图 8-18　调整鱼的景深

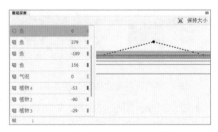

图 8-19　"图层深度"面板 2

Step05 拖曳选中所有图层的第 30 帧位置并按 F5 键，插入帧。单击"时间轴"面板中的"添加摄像头"按钮，新建一个摄像头图层，如图 8-20 所示。单击时间轴第 15 帧位置并按 F6 键，插入关键帧，向右拖曳摄像头滑块，放大舞台效果如图 8-21 所示。

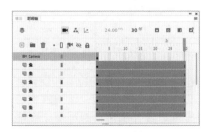

图 8-20　插入帧

图 8-21　放大舞台效果

Step 06 单击时间轴第 30 帧位置并插入关键帧,向右拖曳摄像头滑块的同时,向下拖曳摄像头定界框,舞台效果如图 8-22 所示。分别在第 1 帧和第 15 站创建传统补间动画,"时间轴"面板如图 8-23 所示。

图 8-22　拖曳摄像头定界框

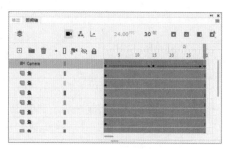

图 8-23　"时间轴"面板 2

图 8-24　测试动画效果

Step 07 按组合键 Ctrl+Enter 测试动画,效果如图 8-24 所示。

8.1.5　建立图层父子关系

Animate 允许用户将一个图层设置为另一个图层的父项。建立图层父子关系的一种简单方法是允许动画的一个图层或对象控制另一个图层或对象,从而更轻松地控制人物不同部位的移动。

在启用"高级图层"的前提下,单击"时间轴"面板顶部的"显示父级视图"图标,启用建立图层父子关系视图,如图 8-25 所示。

在"建立父子关系"视图中,将图层 _1 拖曳到图层 _2 之上,图层 _1

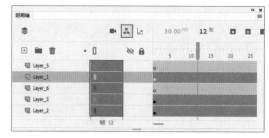

图 8-25　启用建立图层父子关系

将成为图层 _2 的子图层,图层 _2 为图层 _1 的父级图层,如图 8-26 所示。也可以单击任一图层"建立父子关系"视图,从弹出的列表中选择其父级图层,如图 8-27 所示。

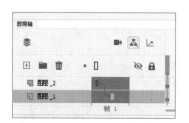

图 8-26　建立图层父子关系

图 8-27　选择父级图层

除保留自己的属性外,子图层上的对象将继承父图层上对象的位置和旋转。因此,当移动或旋转父项时,子项会同时移动或旋转。可以创建多个父子关系以创建层次结构。

在"建立父子关系"视图中,拖曳子图层显示虚线并释放,即可删除连接,如图 8-28 所示。或者单击子图层"建立父子关系"视图,从弹出的列表中选择"删除父级"

选项，即可删除连接，如图 8-29 所示。

图 8-28　拖曳删除连接

图 8-29　删除父级

　　建立图层父子关系后，系统会传播父对象的位置、旋转、缩放、倾斜和翻转属性。按住"时间轴"面板上"显示父子视图"按钮，可在弹出的面板中选择关闭或打开"传播缩放、倾斜和翻转"属性，如图 8-30 所示。

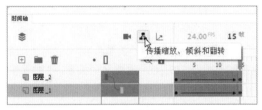

图 8-30　选择关闭或打开"传播缩放、倾斜和翻转"属性

8.1.6　应用案例——制作铁链动画效果

Step01 新建一个 550 像素 ×400 像素的 Animate 文档。按组合键 Ctrl+F8，新建一个"名称"为"铁链"的"影片剪辑"元件，如图 8-31 所示。将"铁链 .png"图片素材导入舞台中，效果如图 8-32 所示。

图 8-31　新建"铁链"影片剪辑元件

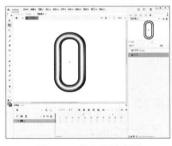

图 8-32　导入图片素材

Step02 新建一个"名称"为"铁链 1"的"影片剪辑"元件并导入"铁链 1.png"图片素材，效果如图 8-33 所示。继续新建"名称"为"铁球"的"影片剪辑"元件并导入图片素材，效果如图 8-34 所示。

图 8-33　新建元件并导入素材

图 8-34　新建"铁球"元件

Step03 返回"场景 1",将"铁链"元件放置到图层 _1,将"铁链 1"元件放置到图层 _2,将"铁球"元件放置到图层 _3,并分别调整大小和位置,如图 8-35 所示。单击"显示父级视图"按钮,"时间轴"面板如图 8-36 所示。

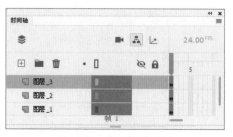

图 8-35　将元件放置在图层并调整大小和位置　　　图 8-36　"时间轴"面板

Step04 在"建立父子关系"视图中将"图层 _3"拖曳到"图层 _2"上,"图层 _2"拖曳到"图层 _1"上,建立父子关系,"时间轴"面板如图 8-37 所示。

Step05 使用"任意变形工具"选中每层上对象并调整中心点位置到对象顶部,如图 8-38 所示。拖曳选中所有图层第 5 帧位置并插入关键帧,"时间轴"面板如图 8-39 所示。

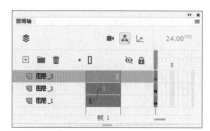

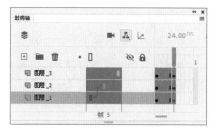

图 8-37　建立父子关系　　　图 8-38　调整　　　图 8-39　插入关键帧
中心点

Step06 选中"图层 _1"第 5 帧上对象,使用"任意变形工具"旋转对象,效果如图 8-40 所示。选中"图层 _2"第 5 帧上对象并旋转,效果如图 8-41 所示。继续使用相同的方法调整"图层 _3"第 5 帧上对象,效果如图 8-42 所示。

图 8-40　旋转"图层 _1"上对象　　图 8-41　旋转"图层 _2"　　图 8-42　旋转"图层 _3"上对象
上对象

Step07 为所有图层添加传统补间动画,"时间轴"面板如图 8-43 所示。继续使用相同的方法,制作第 10 帧上动画,"时间轴"面板如图 8-44 所示。

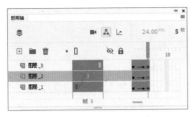

图 8-43　创建传统补间动画

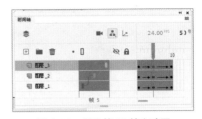

图 8-44　制作第 10 帧上动画

Step 08 按组合键 Ctrl+Enter 测试动画，效果如图 8-45 所示。

图 8-45　测试动画效果

8.2　3D 动画

"3D 平移工具"和"3D 旋转工具"将 Animate 动画从二维带向了三维。使用这两个工具可以使图形对象在三维空间中进行移动和旋转，使动画效果更加具有立体感。

单击工具箱中的"编辑工具栏"图标，在弹出的"拖放工具"面板中可以看到很多工具图标，其中不能选中的代表已放置在工具箱中，如图 8-46 所示。采用拖曳的方法，可将"3D 平移工具"和"3D 旋转工具"拖曳到工具箱中，以便使用，如图 8-47 所示。

图 8-46　"拖放工具"面板　图 8-47　拖曳工具到工具箱

8.2.1　使用"3D 平移工具"

用户可以使用"3D 平移工具"在 3D 空间中移动影片剪辑元件实例。单击工具箱中的"3D 平移工具"按钮，在舞台中需要平移的影片剪辑元件实例上单击，元件实例上将显示 X、Y、Z 三个控制轴，如图 8-48 所示。为第 1 帧创建补间动画，"时间轴"面板如图 8-49 所示。

图 8-48　显示平移控制轴　　　　　　　　图 8-49　"时间轴"面板

单击时间轴最后 1 帧位置，使用"3D 平移工具"在 Z 轴上向屏幕外移动，效果如图 8-50 所示。继续使用"3D 平移工具"在 X 轴和 Y 轴上移动元件实例，效果如图 8-51 所示。

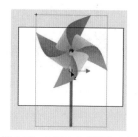

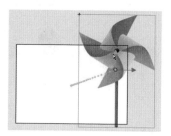

图 8-50　Z 轴上移动元件实例　　　　　　图 8-51　X 轴和 Y 轴上移动元件实例

使用"3D 平移工具"可以对多个元件实例进行移动操作。选择舞台中的多个影片剪辑元件实例，单击工具箱中的"3D 平移工具"按钮，3D 平移控件将显示在其中一个元件实例上方，如图 8-52 所示。

双击 Z 轴控件，也可以将轴控件移动到多个所选对象的中间，如图 8-53 所示。按住 Shift 键并双击其中一个选中对象可将轴控件移动到该对象上方，如图 8-54 所示。

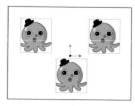

图 8-52　在其中一个元件上　　　图 8-53　将控件移至多个　　　图 8-54　将控件移至单个对
　　　　　显示控件　　　　　　　　　　　　对象中间　　　　　　　　　　　象上方

8.2.2　使用"3D 旋转工具"

使用"3D 旋转工具"可以在 3D 空间中旋转影片剪辑实例。单击工具箱中的"3D 旋转工具"按钮 ，在舞台中需要旋转的影片剪辑元件实例上单击，元件实例上将显示旋转控件，如图 8-55 所示。将光标移动到绿色线条上，按下鼠标左键拖曳，即可旋转元件实例，如图 8-56 所示。

旋转控件中，X 轴控件为红色、Y 轴控件为绿色、Z 轴控件为蓝色。使用橙色的自由旋转控件可同时绕 X 轴和 Y 轴旋转。一般情况下，3D 旋转控件显示在所选元件实例上，如果控件出现在其他位置，可以双击控件的中心点，将其移动到选定对象上。

　　如果想要重新定位旋转控件中心点，可以直接拖动中心点至其他位置，如图 8-57 所示。按住 Shift 键的同时拖动中心点，将以 45°增量约束中心点移动，如图 8-58 所示。移动旋转中心点可以控制旋转影响对象的外观。

  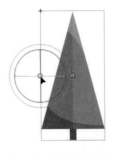 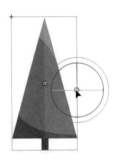

图 8-55　显示旋转　图 8-56　旋转元件实例　图 8-57　调整旋转控件　图 8-58　以 45°增量
　　　　控件　　　　　　　　　　　　　　　　　中心点位置　　　　　约束中心点移动

8.2.3　调整透视角度和消失点

　　如果舞台上有多个 3D 对象，可以通过调整"属性"面板中的"透视角度"和"消失点"属性将特定的 3D 效果添加到所有对象，这些对象作为一组出现，如图 8-59 所示。

　　"透视角度"属性具有缩放舞台视图的效果，增大或减小透视角度将影响 3D 影片剪辑的外观尺寸及其相对于舞台边缘的位置。增大透视角度可使 3D 对象看起来更接近查看者，图 8-60 所示为透视角度为 110 的舞台。减小透视角度属性可使 3D 对象看起来更远，图 8-61 所示为透视角度为 55 的舞台。

图 8-59　"透视角度"和"消失点"属性　　图 8-60　透视角度为 110　图 8-61　透视
　　　　　　　　　　　　　　　　　　　　　　　　　　　　　　　　　　角度为 55

　　"消失点"属性控制舞台上 3D 影片剪辑的 Z 轴方向。FLA 文件中所有 3D 影片剪辑的 Z 轴都朝着消失点后退。通过重新定位消失点，可以更改沿 Z 轴平移对象时对象的移动方向。通过调整消失点的位置，可以精确控制舞台上 3D 对象的外观和动画。

提示

如果调整舞台的大小，消失点不会自动更新。要保持由消失点的特定位置创建的 3D 效果，您将需要根据新舞台大小重新定位消失点。

8.2.4　全局转换与局部转换

"3D 平移工具"和"3D 旋转工具"允许用户在全局 3D 空间或局部 3D 空间中操作对象。全局 3D 空间即为舞台空间，全局变形和平移与舞台相关，如图 8-62 所示。局部 3D 空间即为影片剪辑空间，局部变形和平移与影片剪辑空间相关，如图 8-63 所示。

图 8-62　全局转换

图 8-63　局部转换

"3D 平移工具"和"3D 旋转工具"默认都采用全局转换模式。如果要在局部模式中使用这些工具，可单击工具箱底部"全局转换"按钮 ⏣ 或按组合键 Shift+D，取消"全局转换"按钮的选择。

8.2.5　应用案例——创建 3D 旋转动画

Step 01 新建一个 467 像素 ×200 像素的 Animate 文档，如图 8-64 所示。将背景素材 "92501.jpg"导入舞台中，如图 8-65 所示，在第 40 帧按 F5 键插入帧。

图 8-64　"新建文档"对话框

图 8-65　导入素材图像

Step 02 新建"图层 _2"，将雪人素材"92502.png"导入舞台中，并适当调整其位置，如图 8-66 所示。选中雪人，按 F8 键将图像转为"名称"为"雪人 1"的"影片剪辑"元件，如图 8-67 所示。

图 8-66　导入图像素材　　　　　　　　图 8-67　"转换为元件"对话框

Step03 使用"3D 旋转工具"，单击选中雪人元件，沿 Y 轴旋转，效果如图 8-68 所示。为第 1 帧创建补间动画，并调整动画长度到第 40 帧，如图 8-69 所示。

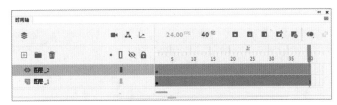

图 8-68　沿 Y 轴旋转　　　　　　　　图 8-69　创建补间动画

Step04 单击第 10 帧，使用"选择工具"将变形的元件向下移动到背景中，如图 8-70 所示，"时间轴"面板如图 8-71 所示。

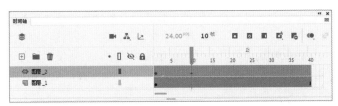

图 8-70　向下移动元件　　　　　　　　图 8-71　"时间轴"面板 1

Step05 选中第 15 帧，使用"3D 旋转工具"将雪人沿 Y 轴旋转，使其恢复原来的样子，如图 8-72 所示，"时间轴"面板如图 8-73 所示。

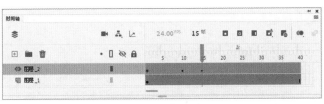

图 8-72　沿 Y 轴旋转　　　　　　　　图 8-73　"时间轴"面板 2

Step 06 使用相同方法完成另一个雪人的制作，舞台效果如图 8-74 所示，"时间轴"面板如图 8-75 所示。

图 8-74　舞台效果

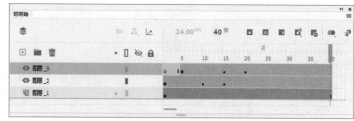

图 8-75　"时间轴"面板 3

Step 07 完成该动画的制作，按组合键 Ctrl+Enter 测试动画，效果如图 8-76 所示。

图 8-76　测试动画效果

8.3 反向运动

反向运动（IK）是一种使用骨骼对对象进行动画处理的方式，这些骨骼按父子关系链接成线性或枝状的骨架。当一个骨骼移动时，与其连接的骨骼也发生相应的移动。

使用反向运动可以方便地创建自然运动。若要使用反向运动进行动画处理，只需在时间轴上指定骨骼的开始和结束位置。Animate 会自动在起始帧和结束帧之间对骨架中骨骼的位置进行内插处理。

用户可以使用形状作为多块骨骼的容器。例如，可以向蛇的图画中添加骨骼，以使其逼真地爬行。可以在"对象绘制"模式下绘制这些形状。也可以将元件实例链接起来。例如，可以将显示躯干、手臂、前臂和手的影片剪辑链接起来，以使其彼此协调而逼真地移动。每个元件实例都只有一个骨骼。

Animate 中包括"骨骼工具"和"绑定工具"两种处理反向运动的工具。使用"骨骼工具"可以向元件实例和形状添加骨骼。使用"绑定工具" 可以调整形状对象的各个骨骼和控制点之间的关系。

8.3.1　向元件添加骨骼

用户可以向影片剪辑、图形和按钮元件实例添加 IK 骨骼。添加骨骼时，Animate 会在时间轴中为它们创建一个新图层，称为姿势图层，如图 8-77 所示。

添加骨骼之前，元件实例可能位于不同的图层上。添加姿势图层后，元件实例将自动移动到姿势图层上，如图 8-78 所示。

图 8-77　创建姿势图层

图 8-78　元件实例移动到姿势图层上

要对文本使用骨骼，需要先其转换为元件或执行"修改"→"分离"命令，将文本拆分为单独的形状后，然后再对各形状使用骨骼。

Animate 为骨骼提供了线框、实线、线和无四种骨架样式，如图 8-79 所示。选中骨架，用户可以在"属性"面板"选项"选项的"样式"下拉列表中选择不同的骨架样式，如图 8-80 所示。

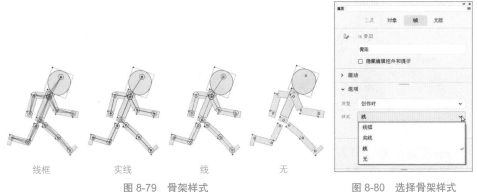

线框　　　　　　实线　　　　　　线　　　　　　无
图 8-79　骨架样式

图 8-80　选择骨架样式

8.3.2　应用案例——制作火柴人奔跑动画

Step01 新建一个 550 像素 ×400 像素的 Animate 文档，如图 8-81 所示。新建一个"名称"为"元件 1"的"影片剪辑"元件，使用"矩形工具"绘制如图 8-82 所示矩形。再次新建一个"名称"为"元件 2"的"影片剪辑"元件，使用"椭圆工具"绘制如图 8-83 所示椭圆。

图 8-81　"新建文档"对话框

图 8-82　绘制矩形

图 8-83　绘制椭圆

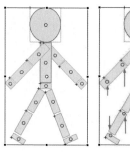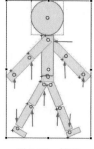

图 8-84 调整
宽度和角度

图 8-85 调整
中心点位置

Step 02 返回"场景 1"。将"元件 1"和"元件 2"从"库"面板中拖曳到舞台中,使用"任意变形工具"调整宽度和角度,效果如图 8-84 所示。拖曳调整每一个元件的中心点位置,如图 8-85 所示。

提示

调整骨骼系统时,除了要注意姿势以外,还要注意使用"排列"命令控制元件的层次。使用"任意变形工具"调整元件的角度的位置。

Step 03 单击工具箱中的"骨骼工具"按钮 🖋,选中质心骨骼元件,按下鼠标左键向上拖曳到躯干元件上,松开鼠标左键,创建如图 8-86 所示骨骼。继续使用相同的方法,创建腿部骨骼,效果如图 8-87 所示。继续一次连接腿部元件,创建腿部骨骼,效果如图 8-88 所示。

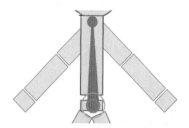

图 8-86 创建躯干骨骼　　　图 8-87 创建腿部骨骼 1　图 8-88 创建腿部骨骼 2

Step 04 继续使用相同方法创建手臂骨骼,效果如图 8-89 所示,使用"选择工具"拖曳调整骨骼系统,效果如图 8-90 所示。在时间轴第 20 帧位置右击,在弹出的快捷菜单中选择"插入姿势"命令,如图 8-91 所示。

图 8-89 创建手臂骨骼　　图 8-90 调整骨骼系统 1　　图 8-91 "插入姿势"命令

Step 05 使用"选择工具"调整骨骼系统,效果如图 8-92 所示。在第 1 帧上右击,在弹出的快捷菜单中选择"复制姿势"命令,如图 8-93 所示。在时间轴第 40 帧位置右击,在弹出的快捷菜单中选择"粘贴姿势"命令,如图 8-94 所示。

图 8-92　调整骨骼系统 2　　　　图 8-93　"复制姿势"命令　　　图 8-94　"粘贴姿势"命令

Step 06 "时间轴"面板如图 8-95 所示。

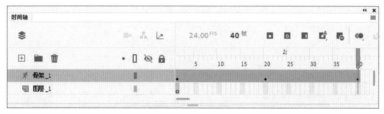

图 8-95　"时间轴"面板

Step 07 按组合键 Ctrl+Enter 测试动画,效果如图 8-96 所示。

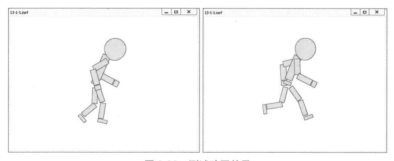

图 8-96　测试动画效果

8.3.3　向形状添加骨骼

用户可以将骨骼添加到同一图层的单个形状或一组形状。无论哪种情况,都需要先选择所有形状,然后才能添加第一个骨骼。添加骨骼之后,Animate 会将所有形状和骨骼转换为一个 IK 形状对象,并将该对象移至一个新的姿势图层。

使用绘图工具在舞台中绘制如图 8-97 所示的图形。使用"骨骼工具"在图形上单击并拖曳,创建骨骼效果如图 8-98 所示。

继续使用"骨骼工具"为图形添加骨骼系统,完成效果如图 8-99 所示。在时间轴第 15帧位置右击,在弹出的快捷菜单中选择"插入姿势"命令,如图 8-100 所示。

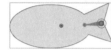

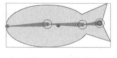

图 8-97　绘制图形　　　图 8-98　创建骨骼　　　图 8-99　创建骨骼系统　　　图 8-100　"插入
　　　　　　　　　　　　　　　　　　　　　　　　　　　　　　　　　　　　　　　姿势"命令

使用"选择工具"拖曳调整骨骼，调整效果如图 8-101 所示。"时间轴"面板如图
8-102 所示。

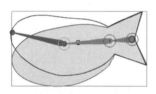

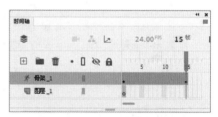

图 8-101　调整骨骼　　　　　　　　　　　图 8-102　"时间轴"面板

继续在时间轴第 8 帧位置插入姿势并调整骨骼形状，如图 8-103 所示。"时间轴"
面板如图 8-104 所示。

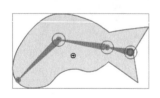

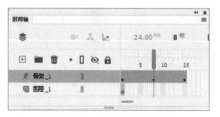

图 8-103　调整骨骼形状　　　　　　　　　图 8-104　"时间轴"面板

按组合键 Ctrl+Enter 测试动画，观察动画效果，如图 8-105 所示。

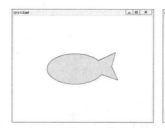

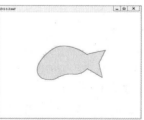

图 8-105　测试动画效果

> **提示**
>
> 骨骼工具是一个非常智能的工具，使用它调整动画后，Flash 将自动创建关键帧和补间动画。骨骼动画实际上是一种特殊的补间动画，姿势帧相当于补间动画的关键帧。可以用调整补间动画的方法来调整骨骼动画。

8.3.4　骨骼动画的编辑

创建骨骼系统后，可以使用多种方法编辑它们。可以重新定位骨骼及其关联的对象，在对象内移动骨骼，更改骨骼的长度，删除骨骼，以及编辑包含骨骼的对象。

> **提示**
>
> 如果只是为调整骨架姿势，以达到所需要的动画效果，则可以在姿势图层的任何帧中进行位置更改。Animate 将会自动把该帧转换为姿势帧。

如果姿势图层中包括多个姿势，则无法编辑 IK 骨架。在编辑之前，需要从时间轴中删除位于骨架的第一个帧之后的任何附加姿势。如果只是调整骨架的位置以达到动画处理目的，则可以在姿势图层的任何帧中进行位置更改。Animate 会将该帧转换为姿势帧。

- 选择骨骼

使用"选择工具"单击骨骼，即可选中单个骨骼。按住 Shift 键的同时依次单击，可选择多块骨骼。双击骨架中的某个骨骼，将快速选中骨架中的所有骨骼。

选中骨架中的任一骨骼，可以通过单击"属性"面板"父级" ↑、"子级" ↓、"上一个同级" ← 或"下一个同级" → 按钮，快速选中相邻骨骼，如图 8-106 所示。

如果要选择整个骨架并显示骨架的属性及其姿势图层，单击姿势图层中包含骨架的帧，可在"属性"面板中显示整个骨架的属性，如图 8-107 所示。

图 8-106　"属性"面板

图 8-107　骨架属性

- 重新定位骨骼

拖动骨架中的任何骨骼，即可重新定位线性骨架，如图 8-108 所示。如果骨架包含已连接的元件实例，实例将同时被拖动。

拖动分支中的任意骨骼，则该分支的所有骨骼都将移动，如图 8-109 所示。骨架的其他分支中的骨骼

图 8-108　拖动　　图 8-109　移动
重新定位骨架　　骨架分支

图 8-110 "删除骨架"命令

不会移动。

　　按住 Shift 键的同时拖动骨骼，则该骨骼与其子级骨骼将一起移动而不移动其父级骨骼。如果要移动舞台上某个 IK 形状的位置，可以在"属性"面板中选择该形状并更改其 X 和 Y 属性，也可以在按住 Alt 键的同时拖动该形状。

● 删除骨骼

　　单击骨架中的任一骨骼，按 Delete 键即可将其删除。双击估计中的某个骨骼，将所有骨骼选中，按 Delete 键即可删除所有骨骼。

　　在时间轴中 IK 骨架范围上右击，在弹出的快捷菜单中选择"删除骨架"命令，即可从时间轴的某个 IK 形状或元件骨架中删除所有骨骼，如图 8-110 所示。

8.3.5　使用绑定工具

　　默认情况下，形状的控制点连接到离它们最近的骨骼。使用"绑定工具"可以编辑单个骨骼和形状控制点之间的连接。可以控制在每个骨骼移动时扭曲的方式，以获得更满意的结果，如图 8-111 所示。

　　可以将多个控制点绑定到一个骨骼，以及将多个骨骼绑定到一个控制点，如图 8-112 所示。使用"绑定工具"单击控制点或骨骼，将显示骨骼和控制点之间的连接，然后可以按各种方式更改连接。

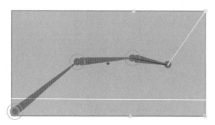

图 8-111　骨骼和形状点连接

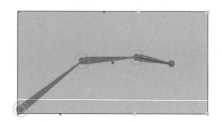

图 8-112　编辑骨骼和控制点

　　使用"绑定工具"单击骨骼，将加亮显示已连接到骨骼的控制点。已连接的控制点以黄色加亮显示，而选定的骨骼以红色加亮显示，如图 8-113 所示。仅连接到一个骨骼的控制点显示为方形。连接到多个骨骼的控制点显示为三角形，如图 8-114 所示。

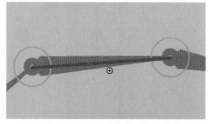

图 8-113　选定骨骼

图 8-114　连接多个骨骼

按住 Shift 键的同时单击未加亮显示的控制点，即可将选定的骨骼添加控制点。也可以在按住 Shift 键的同时拖曳选择要添加到选定骨骼的多个控制点。

按住 Ctrl 键的同时单击以黄色加亮显示的控制点，即可从骨骼中删除控制点。也可以通过按住 Ctrl 键拖动来删除选定骨骼中的多个控制点。

使用"绑定工具"单击已连接到骨骼的控制点。已连接的骨骼以黄色加亮显示，选定的控制点以红色加亮显示。按住 Shift 键的同时单击骨骼，即可将选定的控制点添加到其他骨骼；按住 Ctrl 键的同时单击骨骼，即可从选定的控制点中删除骨骼。

8.3.6　调整 IK 运动约束

可以通过控制特定骨骼的运动自由度，使动画效果更加逼真。例如，可以约束作为胳膊一部分的两个骨骼，以便肘部无法按错误的方向弯曲。

默认情况下，创建骨骼时会为每个 IK 骨骼分配固定的长度。骨骼可以围绕其父连接以及沿 X 轴和 Y 轴旋转，但是它们无法以要求更改其父级骨骼长度的方式移动。

可以启用、禁用和约束骨骼的旋转及其沿 X 轴或 Y 轴的运动。默认情况下，启用骨骼旋转，而禁用 X 轴和 Y 轴运动。启用 X 轴或 Y 轴运动时，骨骼可以不限度数地沿 X 轴或 Y 轴移动，而且父级骨骼的长度将随之改变以适应运动。也可以限制骨骼的运动速度，在骨骼中创建粗细效果。

选定一个或多个骨骼时，可以在"属性"面板中设置这些属性。

- 如果要使选定的骨骼可以沿 X 轴或 Y 轴移动并更改其父级骨骼的长度，可以在"属性"面板中启用"关节 :X 平移"或"关节 :Y 平移"，如图 8-115 所示。显示一个垂直于连接上骨骼的双向箭头，指示已启用 X 轴运动；显示一个平行于连接上骨骼的双向箭头，指示已启用 Y 轴运动，如图 8-116 所示。

图 8-115　启用平移

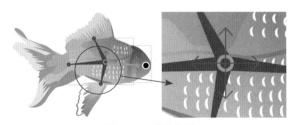

图 8-116　骨骼效果

- 如果要限制沿 X 或 Y 轴启用的运动量，可以在"属性"面板的"关节 :X 平移"或"关节 :Y 平移"部分中勾选"约束"复选框，然后输入骨骼可以行进的最小距离和最大距离，如图 8-117 所示。
- 如果要限制选定骨骼绕连接的旋转，可以在"属性"面板中启用"关节 : 旋转"，如图 8-118 所示。

图 8-117　启用移动约束

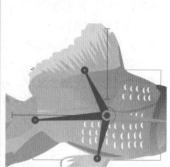
图 8-118　启用骨骼旋转

- 如果要约束骨骼的旋转，可以在"属性"面板的"关节：旋转"部分中输入旋转的左偏移和右偏移。偏移度数相对于父级骨骼。在骨骼连接的顶部将显示一个指示旋转自由度的弧形，如图 8-119 所示。
- 如果要使选定的骨骼相对于其父级骨骼是固定的，可以禁用旋转以及 X 轴和 Y 轴平移。骨骼将变得不能弯曲，并跟随其父级的运动。
- 如果要限制选定骨骼的运动速度，可以在"属性"面板的速度字段中输入一个值。连接速度为骨骼提供了粗细效果，如图 8-120 所示。最大值 100% 表示对速度没有限制。

图 8-119　启用旋转约束

图 8-120　启用骨骼运动速度

8.3.7　添加弹簧属性

两个骨骼属性可用于将弹簧属性添加到 IK 骨骼中。骨骼的"强度"和"阻尼"属性通过将动态物理集成到骨骼 IK 系统中，使 IK 骨骼体现真实的物理移动效果。借助这些属性，可以更轻松地创建更逼真的动画。"强度"和"阻尼"属性可使骨骼动画效果逼真，并且动画效果具有高可配置性。最好在向姿势图层添加姿势之前设置这些属性。

"强度"值越高，创建的弹簧效果越强。"阻尼"值越高，弹簧效果衰减得越快。如果值为 0，则弹簧属性在姿势图层的所有帧中保持其最大强度。

选择一个或多个骨骼，在"属性"面板中的"弹簧"部分设置"强度"值和"阻尼"值，如图 8-121 所示。"强度"越高，弹簧就变得越坚硬。"阻尼"决定弹簧效果的衰减速率，因此阻尼值越高，动画结束得越快。

8.3.8　应用案例——制作皮影戏动画

Step01 新建一个尺寸为 1000 像素 ×900 像素的 Animate 文档。新建一个"名称"为"头部"的"影片剪辑"元件，如图 8-122 所示。将素材"131201. jpg"导入舞台中，效果如图 8-123 所示。

图 8-121　"属性"面板

图 8-122　新建元件

图 8-123　导入素材

Step02 继续使用相同的方法，新建元件并导入图片素材，制作出其他元件，效果如图 8-124 所示。将元件依次从"库"面板拖入舞台中，排列效果如图 8-125 所示。单击工具箱中的"骨骼工具"按钮，使用"骨骼工具"为元件创建骨骼，如图 8-126 所示。

图 8-124　制作其他元件

图 8-125　排列元件效果

图 8-126　创建骨骼

Step03 单击工具箱中的"任意变形工具"按钮，依次选择并修改元件的中心位置对齐关节，如图 8-127 所示。在时间轴第 5 帧位置右击，在弹出的快捷菜单中选择"插入姿势"命令，"时间轴"面板如图 8-128 所示。

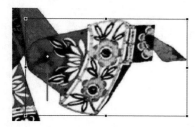

图 8-127 修改元件中心点

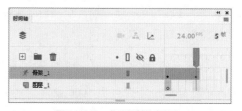

图 8-128 "时间轴"面板 1

Step 04 使用"选择工具"调整骨架姿势，效果如图 8-129 所示。选中"头部"元件骨骼，如图 8-130 所示。使用"选择工具"调整"头部"元件位置，并在"属性"面板中设置"约束"，如图 8-131 所示。

图 8-129 调整骨骼　图 8-130 选中元件
姿势 1

图 8-131 调整元件位置

Step 05 在时间轴第 10 帧位置插入姿势，使用"选择工具"调整骨骼姿势，如图 8-132 所示。"时间轴"面板如图 8-133 所示。

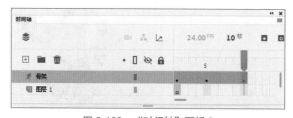

图 8-132 调整骨骼姿势 2

图 8-133 "时间轴"面板 2

Step 06 按组合键 Ctrl+Enter 测试动画，动画效果如图 8-134 所示。

图 8-134　测试动画效果

8.4　使用"资源变形工具"

使用"资源变形工具"可以为形状或位图添加关节和骨骼。通过旋转骨骼或变形关节创建姿势并应用传统补间，形成平滑的动画效果。

8.4.1　创建关节与骨骼

选择舞台上的形状或位图，如图 8-135 所示。单击工具箱中的"资源变形工具"按钮 ✦，将光标移动到形状或位图上单击，创建三角化网格并在单击的位置添加第一节关节，如图 8-136 所示。

> **提示**
>
> 用户可以在"属性"面板中"变形"选项下选择启用 / 禁用网格。通过拖曳右侧滑块改变网格的密度。网格密度越高，变形越平滑。但在处理多个关键帧时，效率较低。较低的网格密度会降低变形质量，获得更好的性能。

将光标移动到想要添加关节的位置单击，即可在单击处添加新关节并在两个关节间添加骨骼，如图 8-137 所示。继续使用相同方法，创建如图 8-138 所示骨骼。

  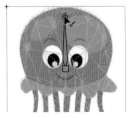 

图 8-135　选择　　图 8-136　添加第一节关节　　图 8-137　添加关节和骨骼　　图 8-138　创建
　　形状或位图　　　　　　　　　　　　　　　　　　　　　　　　　　　　　　　骨骼

> **提示**
>
> 选择"资源变形工具"后，"属性"面板的"变形"选项中的"创建骨骼"选项默认为启用状态。禁用"创建骨骼"选项，则新添加的关节不会添加任何骨骼。

使用"资源变形工具"拖曳关节，即可改变网格的形状，如图 8-139 所示。单击并拖曳骨骼可以旋转骨骼，如图 8-140 所示。用户也可以通过修改"属性"面板的"变形"选项中的"旋转角度"数值，精确地更改旋转角度，如图 8-141 所示。

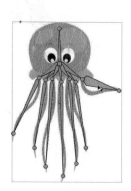

图 8-139　拖曳关节　　　图 8-140　拖曳骨骼　　　图 8-141　设置"旋转角度"

单击选中关节，按 Delete 键即可将其删除，同时还会自动删除连接到该关节的所有骨骼。单击选中骨骼并按 Delete 键即可删除骨骼，并不会删除关节。

8.4.2　应用案例——制作水母移动动画

Step 01 新建一个 Animate 文档，将素材"水母 .png"导入舞台中，效果如图 8-142 所示。使用"资源变形工具"为图像添加骨骼，效果如图 8-143 所示。在时间轴第 10 帧位置插入关键帧，使用"资源变形工具"调整骨骼姿势，效果如图 8-144 所示。

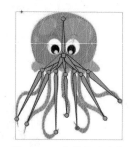

图 8-142　导入素材　　　图 8-143　创建骨骼　　　图 8-144　调整骨骼姿势

Step 02 在时间轴第 20 帧位置右击，在弹出的快捷菜单中选择"复制帧"命令，如图 8-145 所示。在时间轴第 10 帧位置插入关键帧并右击，在弹出的快捷菜单中选择"粘贴帧"命令，如图 8-146 所示。"时间轴"面板如图 8-147 所示。

Step 03 分别在时间轴第 1 帧和第 10 帧上右击，在弹出的快捷菜单中选择"创建传统补间"命令，如图 8-148 所示。"时间轴"面板如图 8-149 所示。

Step 04 单击"时间轴"面板上的"绘图纸外观"按钮，拖曳调整时间刻度选定范围，如图 8-150 所示。分别调整关键帧上元件的位置，效果如图 8-151 所示。

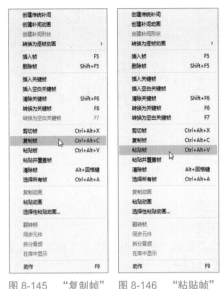

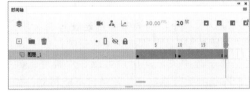

图 8-145　"复制帧"　　图 8-146　"粘贴帧"　　　　图 8-147　"时间轴"面板 1
命令　　　　　　　　命令

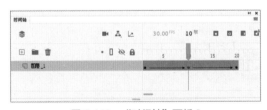

图 8-148　"创建传统补间"命令　　　　　图 8-149　"时间轴"面板 2

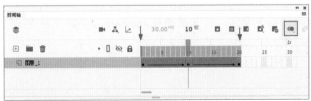

图 8-150　"时间轴"面板 3　　　　　图 8-151　调整关键帧上元件位置

Step 05 按组合键 Ctrl+Enter 测试动画，效果如图 8-152 所示。

图 8-152　测试动画效果

8.4.3　优化关节与骨骼

默认情况下，所有骨骼都是硬骨骼。用户可以在"属性"面板的"变形"选项中设置"骨骼类型"，使其成为柔化骨骼，如图 8-153 所示。

单击选中关节，用户可以在"属性"面板的"变形"选项中激活"冻结关节"属性，冻结的关节将显示为蓝色且不能移动，如图 8-154 所示。

图 8-153　设置"骨骼类型"　　　　　　　　图 8-154　冻结关节

8.5　本章小结

本章主要讲解高级图层的应用、3D 动画、反向运动等相关知识，帮助读者在快速掌握图层效果、摄像头、图层深度和图层父子关系等概念的同时，能够完成 3D 旋转动画、3D 平移动画以及骨骼动画等复杂动画的制作，在深度理解 Animate 动画制作原理的同时，掌握各种制作动画的工具和命令。

第 9 章
文本、声音和视频的应用

　　文本、声音和视频是制作 Animate 动画常见的元素，文本元素的添加能够更好地突出动画主题；声音和视频元素的使用能够更好地烘托动画氛围，丰富动画效果。本章主要针对 Animate 中文本、声音和视频元素的使用方法进行讲解，帮助读者深刻理解动画中文本、声音和视频的使用技巧。

本章知识点

（1）掌握文本工具的使用方法。
（2）掌握设置文本的方法和技巧。
（3）掌握动画中导入声音的方法。
（4）掌握编辑动画声音的方法。
（5）掌握动画中导入视频的方法。

9.1 使用"文本工具"

　　单击工具箱中的"文本工具"按钮 **T**，然后单击"属性"面板实例行为文本框，在弹出的下拉列表中选择一种文本类型，如图 9-1 所示。将光标移动到舞台上单击或拖曳创建文本框，即可开始输入文本，如图 9-2 所示。

图 9-1　选择文本类型

图 9-2　输入文本

用户可以创建静态、动态或输入三种类型的文本字段。静态文本显示不会动态更改字符的文本；动态文本显示不断更新的文本，如股票报价或头条新闻；输入文本允许用户输入表单或调查表等文本内容。

　　由于动态文本和输入文本通常需要通过 ActionScript 脚本调用，因此需要在"属性"面板中为这两种文本类型指定"实例名称"。

　　单击实例行为文本框后面的"改变文本方向"按钮 ⬛，如图 9-3 所示。用户可在弹出的下拉列表中选择"水平""垂直""垂直，由左向右"三种文本方向。图 9-4 所示为不同文本方向的效果。

图 9-3　文本方向选项

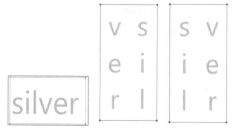

图 9-4　不同文本方向的效果

　　Animate 在每个文本框的一角显示一个手柄，用以标识该文本字段的类型。

　　具有固定宽度的静态水平文本，会在该文本字段的右上角出现一个方形手柄，如图 9-5 所示。文本流向为从右到左并且高度固定的静态垂直文本，会在该文本框的左下角出现一个方形手柄，如图 9-6 所示。

　　文本流向为从左到右并且高度固定的静态垂直文本，会在该文本框的右下角出现一个方形手柄，如图 9-7 所示。动态可滚动传统文本框，圆形或方形手柄由空心变为实心黑块，如图 9-8 所示。用户可以执行"文本"→"可滚动"命令使动态文本可滚动。

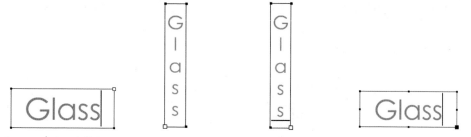

图 9-5　固定宽度静态文本　图 9-6　文本框效果 1　图 9-7　文本框效果 2　图 9-8　动态可滚动传统文本框

　　可以在按住 Shift 键的同时双击动态和输入文本字段的手柄，以创建在舞台上输入文本时不扩展的文本字段。当输入的字符超出文本框时，就会实现滚动文本的效果。

　　使用"文本工具"创建文本框之后，用户可以使用"属性"面板中的各种参数来修改字符的各项属性，还可以设置文本字段在 SWF 文件中的显示方式。

9.1.1　设置字符样式

用户可以通过"属性"面板中的"字符"部分对字符样式进行设置。单击选中舞台中的文本，"属性"面板如图 9-9 所示。

单击选择字体文本框，用户可在弹出的下拉列表中为当前文本选择一种字体，如图 9-10 所示。选择字体后，单击选择字形文本框，用户可在弹出的下拉列表中为当前字体选择一种字形，如图 9-11 所示。

图 9-9　"字符"样式

图 9-10　选择字体

图 9-11　选择字形

用户可在"大小"文本框中输入数值用来控制文本的大小。在选择字距调整量文本框中输入数值，用来控制文本的字间距。也可以勾选"自动调整字距"复选框，自动调整文本的字间距，如图 9-12 所示。

单击"填充"选项前的色块，在弹出的拾色器面板中为文本指定颜色，如图 9-13 所示。在填充 Alpha 文本框中输入数值，用来控制文本的透明度，如图 9-14 所示。

图 9-12　调整文本大小和字间距

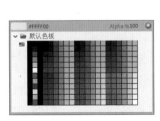

图 9-13　拾色器面板

图 9-14　控制文本透明度

单击字体"呈现"文本框，用户可以在弹出的下拉列表中选择不同的文本呈现方式，用来消除动画播放时的文本锯齿效果，如图 9-15 所示。

- 使用设备字体：指定 SWF 文件使用本地计算机上安装的字体来显示字体。通常，设备字体采用大多数字体大小时都

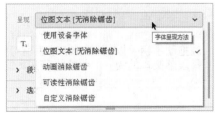

图 9-15　字体"呈现"下拉列表

很清晰。

- 位图文本（无消除锯齿）：关闭消除锯齿功能，不对文本提供平滑处理。用尖锐边缘显示文本，由于在 SWF 文件中嵌入了字体轮廓，因此增加了 SWF 文件的大小。
- 动画消除锯齿：通过忽略对齐方式和字距微调信息来创建更平滑的动画。此选项会导致创建的 SWF 文件较大。为提高清晰度，应在指定此选项时使用 10 点或更大的字号。
- 可读性消除锯齿：使用 Animate 文本呈现引擎来改进字体的清晰度，特别是较小字体的清晰度。此选项会导致创建的 SWF 文件较大，且必须发布到 Animate Player 8 或更高版本。
- 自定义消除锯齿：使用户可以修改字体的属性，如图 9-16 所示。使用"清晰度"可以指定文本边缘与背景之间过渡的平滑度。使用"粗细"可以指定字体消

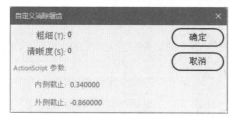

图 9-16　"自定义消除锯齿"对话框

除锯齿转变显示的粗细。使用此选项，必须发布到 Animate Player 8 或更高版本。

选中文本，单击"下标"按钮 T,，即可用下标显示选中文本。单击"上标"按钮 T，即可用上标显示选中文本。

选中文本，单击"可选"按钮，即可将选中文本设置为可选状态。当用户播放动画时，可以选择静态水平文本或动态文本。选择文本后，用户可以复制或剪切文本，然后将文本粘贴到单独的文档中。

当输入动态文本或输入文本时，单击将文本呈现为 HTML 按钮，可以使 Animate 中的文本按照与网页文本类似的格式进行显示，比如使用 HTML 标记、CSS 样式等。单击在文本周围显示边框按钮，在发布 SWF 动画后，该字符串周围将显示边框。

图 9-17　"段落"选项区

9.1.2　设置段落样式

当舞台中包含大量文本段落时，用户可以在"属性"面板中的"段落"选项区中对段落文字的样式进行设置，如图 9-17 所示。

用户可以通过分别单击"左对齐"按钮、"居中对齐"按钮、"右对齐"按钮和"两端对齐"按钮实现不同的段落对齐方式，如图 9-18 所示。

选中文本后，将出现蓝色的边框。通过拖动手柄可以调整段落文本的大小。	选中文本后，将出现蓝色的边框。通过拖动手柄可以调整段落文本的大小。	选中文本后，将出现蓝色的边框。通过拖动手柄可以调整段落文本的大小。	选中文本后，将出现蓝色的边框。通过拖动手柄可以调整段落文本的大小。
左对齐	居中对齐	右对齐	两端对齐

图 9-18　设置段落文本对齐方式

　　用户可以在缩减文本框中输入数值，用来控制文本段落首行缩进的距离，如图 9-19 所示。用户可以在行距文本框中输入数值，用来控制文本段落的行间距，如图 9-20 所示。

　　用户可以在左边距文本框中输入数值，文本段落将整体向右移动，在文本段落的左侧添加边距，如图 9-21 所示。用户可以在右边距文本框中输入数值，文本段落将整体向左移动，在文本段落的右侧添加边距，如图 9-22 所示。

图 9-19　首行缩减　　　图 9-20　行间距　　　图 9-21　左边距　　　图 9-22　右边距

　　如果文本实例行为为动态文本或输入文本，用户可以为文本框段落设置行类型，用来控制文本框如何随文本量的增加而扩展。单击段落"行为"文本框，用户可以在弹出的下拉列表中选择不同的行类型，如图 9-23 所示。

　　选择"单行"类型，文本将显示为一行；选择"多行"类型，文本将显示为多行；选择"多行不换行"类型，将文本显示为多行，并且仅当最后一个字符是换行字符时，才换行；选择"密码"类型，文本将显示为一行 *，如图 9-24 所示。

图 9-23　设置不同的行类型　　　　　　图 9-24　行类型为"密码"

　　选择"密码"行类型，用户可以在"选项"选项中设置文本段落显示的"最大字符数"，如图 9-25 所示。

图 9-25　最大字符数

提示

　　文本实例类型设置为"动态文本"时，行类型有"单行""多行"和"多行不换行"三种类型。文本实例类型设置为"输入文本"时，行类型将增加一个"密码"类型。

9.1.3　分离文本

为了便于制作文字动画，用户可以将文本段落分离成以单个文字为单位的文本段落。选中要分离的文本段落，如图 9-26 所示。执行"修改"→"分离"命令，即可完成文本段落的分离操作，如图 9-27 所示。

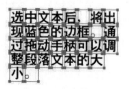

图 9-26　选中文本段落　　　　　　　　　图 9-27　分离文本段落

再次执行"修改"→"分离"命令，可将单个文字的文本段落分离成图形，用户可以像处理图形一样处理这些文字。此外，用户还可将文本转换为组成它的线条和填充，以将文本作为图形，对其进行改变形状、擦除及其他操作。

> **提示**
>
> 为了防止其他人的计算机缺少字体而无法正常显示动画效果的情况发生，一般在动画制作完成后，可以将文字全部分离为图形，使其不再具有文字属性。

9.1.4　创建文本超链接

在舞台中创建静态文本框或动态文本框，用户可以在"属性"面板的"选项"选项区中为文本框或文本框中的文字添加链接，如图 9-28 所示。

在"链接"文本框中输入 URL 链接后，可以在"目标"文本框中选择显示链接的方式。Animate 为用户提供了 4 种目标类型，如图 9-29 所示。

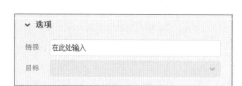

图 9-28　添加链接　　　　　　　　　　　图 9-29　4 种目标类型

> **提示**
>
> 可以使用 mailto:URL 创建指向电子邮件地址的链接。例如，输入 mailto:adamsmith@example.com。

9.1.5　应用案例——创建动态滚动文本

Step 01 打开素材文件"102801.fla"，效果如图 9-30 所示。新建图层，使用"矩形工具"在背景中央创建一个"填充颜色"为 40% 白色的矩形，如图 9-31 所示。

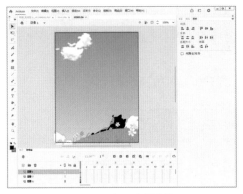

图 9-30　打开素材文件

图 9-31　绘制矩形

Step 02 单击工具箱中的"文本工具"按钮，在"属性"面板中设置"字符"参数，将光标移动到舞台中单击并输入如图 9-32 所示的文字。在"属性"面板中重新设置"字符"和"段落"参数，在舞台上拖曳创建文本框并输入文字，如图 9-33 所示。

图 9-32　输入文字 1

图 9-33　输入文字 2

Step 03 选择文本，在"属性"面板中设置实例行为"输入文本"，如图 9-34 所示。在舞台中调整文本框的高度，如图 9-35 所示，执行"文本"→"可滚动"命令，将其转换为可滚动文本。

图 9-34　设置实例行为

图 9-35　调整文本框高度

> **提示**
>
> 只有将"文本类型"设置为"动态文本"或"输入文本",才可以调整文本框的高度,从而将部分文本隐藏。

Step 04 按组合键 Ctrl+Enter 测试动画,效果如图 9-36 所示。

图 9-36　测试动画效果

9.1.6　查找和替换

Animate 的"查找和替换"功能允许对文档中的文字、代码、颜色、元件和位图等元素进行查找,并替换为其他的元素。总结来说,"查找和替换"工具允许用户完成下列操作。

- 搜索文本字符串、字体、颜色、元件、声音文件、视频文件或导入的位图文件。
- 使用相同类型的另一元素替换指定的元素。根据指定元素的类型,"查找和替换"对话框提供不同的选项。
- 查找和替换当前文档或当前场景中的各种元素。
- 搜索下一个或所有出现的元素,并替换当前出现或所有出现的元素。

如果要查找和替换文档中的相关元素,可以执行"编辑"→"查找和替换"命令,弹出如图 9-37 所示的对话框。在"查找"文本框中输入要查找替换的文字,单击"查找"或"查找全部"按钮,即可在"结果"选项下显示查找内容。在"替换"文本框中输入要替换的文字,单击"替换"或"全部替换"按钮,即可完成文字的替换操作,如图 9-38 所示。

图 9-37　"查找和替换"对话框

图 9-38　查找替换文字

提示

在基于屏幕的文档中，可以查找和替换当前文档或当前屏幕中的元素，但不能使用场景。

9.1.7　嵌入字体

当计算机通过 Internet 播放用户发布的 SWF 文件时，不能保证使用的字体在这些计算机上可用。要确保文本保持所需外观，可以嵌入全部字体或某种字体的特定字符子集。

通过在发布的 SWF 文件中嵌入字符，可以使该字体在 SWF 文件中可用，而无须考虑播放该文件的计算机。嵌入字体后，即可在发布的 SWF 文件中的任何位置使用。

对于包含文本的任何文本对象使用的所有字符，Animate 均会自动嵌入。如果用户自己创建嵌入字体元件，就可以使文本对象使用其他字符，对于"消除锯齿"属性设置为"使用设备字体"的文本对象，没有必要嵌入字体。指定要在 FLA 文件中嵌入的字体后，Animate 会在用户发布 SWF 文件时嵌入指定的字体。

通常，出现下列 4 种情况时，需要通过在 SWF 文件中嵌入字体来确保正确的文本外观。

（1）在要求文本外观一致的设计过程中需要在 FLA 文件中创建文本对象时。

（2）在使用消除锯齿选项而非"使用设备字体"时，必须嵌入字体，否则文本可能会消失或者不能正确显示。

（3）当使用 ActionScript 创建动态文本时，必须在 ActionScript 中指定要使用的字体。

（4）当 SWF 文件包含文本对象，并且该文件可能由尚未嵌入所需字体的其他 SWF 文件加载时。

要在 SWF 文件中嵌入某种字体的字符，可以使用以下任意一种方法。

* 执行"文本"→"字体嵌入"命令。
* 在"库"面板选项菜单中，选择"新建字型"命令。
* 在"库"面板的空白位置右击，在弹出的快捷菜单中选择"新建字型"命令。
* 单击文本"属性"面板中的"嵌入"按钮。

无论执行哪种操作，都会弹出"字体嵌入"对话框，显示了当前 FLA 文件中的所有字体元件，如图 9-39 所示。单击"添加新字体"按钮 ✚，在右侧"名称"文本框中输入字体名称，在"系列"和"样式"下拉列表中选择要嵌入的字体和字型，选择"字符范围"如图 9-40 所示。单击"确定"按钮，即可完成字体嵌入操作。

图 9-39　"字体嵌入"对话框

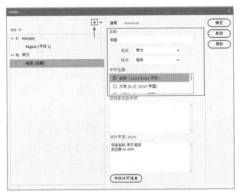

图 9-40　添加嵌入字体

| 提示 |

在"字体嵌入"对话框左侧"字体"列表中选中要取消嵌入的字体，单击"删除所选字体"按钮，再单击"确定"按钮，即可完成取消字体嵌入的操作。

9.1.8 消除锯齿

Animate 提供了增强的字体光栅化处理功能，使用户可以指定字体的消除锯齿属性。消除锯齿功能用于针对 Animate Player 8 或更高版本发布的 SWF 文件。

| 提示 |

消除锯齿需要嵌入文本字段使用的字体。如果不嵌入字体，则文本字段可能对传统文本显示空白。如果将"消除锯齿"设置更改为"使用设备字体"导致文本不能正确显示，则需要嵌入字体，Animate 会自动为已经在舞台上创建的文本字段中存在的文本嵌入字体。

用户可在"属性"面板中单击"呈现"下拉列表，在列表中选择不同的消除锯齿选项，如图 9-41 所示。Animate 共提供了"使用设备字体""位图文本（无消除锯齿）""动画消除锯齿""可读性消除锯齿"和"自定义消除锯齿"5 种字体呈现方式，如图 9-42 所示。

图 9-41　消除锯齿选项

图 9-42　字体呈现方式

- 使用设备字体：指定 SWF 文件使用本地计算机上安装的字体来显示字体。通常，设备字体采用大多数字体大小时都很清晰。尽管此选项不会增加 SWF 文件的大小，但会使字体显示依赖于用户计算机上安装的字体。使用设备字体时，应选择最常安装的字体系列。
- 位图文本（无消除锯齿）：关闭消除锯齿功能，不对文本提供平滑处理，用尖锐边缘显示文本。位图文本的大小与导出大小相同时，文本比较清晰，但对位图文本缩放后，文本显示效果比较差。
- 动画消除锯齿：通过忽略对齐方式和字距微调信息来创建更平滑的动画。为提高清晰度，应在指定此选项时使用 10 点或更大的字号。
- 可读性消除锯齿：使用 Animate 文本呈现引擎来改进字体的清晰度，特别是较小字体的清晰度。
- 自定义消除锯齿：用户可以在弹出的"自定义消除锯齿"对话框中修改字体的属性。使用"清晰度"可以指定文本边缘与背景之间过渡的平滑度。使用"粗细"可以指定字体消除锯齿转变显示的粗细。

> **提示**
>
> 除了使用设备字体呈现方法，其他字体呈现方法都会由于嵌入了字体轮廓，而导致创建的 SWF 文件体积变大。

9.2　使用声音

在 Animate 动画中添加丰富的音效和适当的背景音乐，能够更好地丰富动画交互效果和烘托动画效果。

9.2.1　导入声音

执行"文件"→"导入"→"导入到库"命令，用户可以在弹出的"导入"对话框中选择需要导入的声音文件，如图 9-43 所示。单击"打开"按钮，即可将声音添加到时间轴上，如图 9-44 所示。

图 9-43　选择需要导入的声音文件

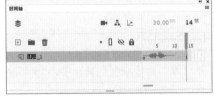

图 9-44　声音添加到时间轴上

> **提示**
>
> 通常情况下，在 Windows 系统中，Animate 允许导入 ASND、WAV、AIFF 和 MP3 格式的音频文件。由于 MP3 声音数据是经过压缩处理的，所以比 WAV 或 AIFF 文件小。

用户可以在"库"面板中看到导入的声音文件，如图 9-45 所示。单击声音预览框右上角的"播放"按钮和"停止"按钮，可以在"库"面板中测试音频。

在 Animate 软件中播放时间轴测试动画时，如果不需要音频参与测试，可以执行"控制"→"静音"命令或者按组合键 Ctrl+Alt+M，如图 9-46 所示，再次播放时间轴时，时间轴中的声音素材将不再播放。

图 9-45 "库"面板

图 9-46 "静音"命令

9.2.2 应用案例——为动画添加背景音乐

Step 01 执行"文件"→"打开"命令，打开文档"112301.fla"，如图 9-47 所示。新建"图层_2"，将名称为"闪光"的影片剪辑元件从"库"面板拖入舞台中，效果如图 9-48 所示。

图 9-47 打开素材文件

图 9-48 拖入元件

Step 02 执行"文件"→"导入"→"导入到库"命令，将声音素材"112302.wav"导入"库"面板中，如图 9-49 所示。新建"图层_3"，将名称为"112302.wav"的声音文件从"库"面板拖曳到舞台中，"时间轴"面板如图 9-50 所示。

图 9-49 导入声音素材

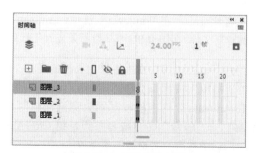

图 9-50 "时间轴"面板

Step03 设置"属性"面板中"声音"选项中的参数如图 9-51 所示。按组合键 Ctrl+Enter 测试动画，效果如图 9-52 所示。

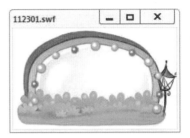

图 9-51 "属性"面板

图 9-52 测试动画效果

9.3 编辑声音

在 Animate 中，用户除了可以完成定义声音的起始点、控制声音的音量的操作，还可以改变声音开始播放和停止播放的位置。

9.3.1 设置声音属性

设置声音属性的方式有两种：第一种方式，打开"库"面板，在声音文件上右击，在弹出的快捷菜单中选择"属性"命令，如图 9-53 所示；另一种方式，双击"库"面板中声音文件前的 🔊 图标。两种方式都将弹出"声音属性"对话框，如图 9-54 所示。

图 9-53 "属性"命令

图 9-54 "声音属性"对话框

图 9-55 选择不同的压缩选项

用户可以在"声音属性"对话框中设置声音文件的名称，查看声音文件的位置、创建时间及参数。用户可以在"压缩"下拉列表中选择不同的压缩选项，从而控制声音文件的质量大小，如图 9-55 所示。

9.3.2 设置声音重复

选中添加声音文件的帧，在"属性"面板中声音循环文本框中选择"重复"选项，用户可以在循环次数文本框中输入数值，用来控制声音播放的次数，如图 9-56 所示。默认循环次数为播放一次，如果需要将声音设置为持续播放较长时间，可以在该文本框中输入较大的数值。

也可以在循环文本框中选择"循环"选项以连续播放声音，如图 9-57 所示。但是需要注意，如果将声音设置为循环播放，动画文件的大小会根据声音循环播放的次数而倍增，所以通常情况下不建议设置为循环播放。

图 9-56 设置声音重复次数   图 9-57 设置声音循环播放

9.3.3 声音与动画同步

在 Animate 中，用户可以在"属性"面板中"同步"文本框下拉列表中选择不同的同步声音选项，获得声音与动画的同步效果，如图 9-58 所示。"同步"文本框下拉列表中共包含"事件""开始""停止"和"数据流"4 种效果，如图 9-59 所示。

图 9-58 设置声音同步

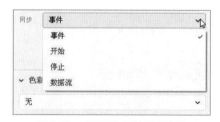

图 9-59 "同步"下拉列表选项

选择"事件"，会将声音和一个事件的发生过程同步起来，当事件声音的开始关键帧首次显示时，无论播放头在时间轴上的任何位置，事件声音都将完整播放，即使 SWF 文件停止播放也会继续播放声音。当播放发布的 SWF 文件时，事件声音会混合在一起。

选择"开始"，与"事件"选项的功能相近，但是如果声音已经在播放，则新声音实例就不会播放。选择"停止"，将使指定的声音静音。

选择"数据流"，Animate 会强制动画和声音同步。如果 Animate 绘制动画帧的速度不够快，它就会跳过帧。与事件声音不同，数据流随着 SWF 文件的停止而停止。而且，数据流的播放时间绝对不会比帧的播放时间长。

9.3.4　为声音添加效果

用户可以为时间轴上的声音添加效果，以获得更自然的播放效果。选中时间轴中包含声音的任意一帧，单击"属性"面板的"声音"选项的"效果"下拉列表，在弹出的声音效果类别中包含 8 种选项，如图 9-60 所示。

选择"自定义"效果或单击"同步"文本框后面的编辑声音封套按钮 ，用户可以在"编辑封套"对话框的"效果"文本框中选择声音效果，如图 9-61 所示。

图 9-60　8 种声音效果

拖曳封套手柄可以分别调整不同声道的声音音量，实现声音淡入或淡出的效果；拖曳开始时间和停止时间可以控制声音播放的起点和终点，如图 9-62 所示。

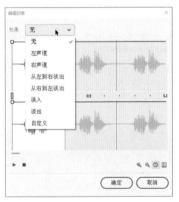

图 9-61　"编辑封套"对话框

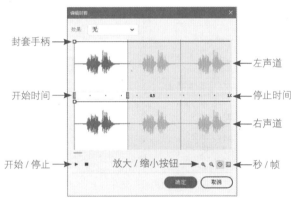

图 9-62　"编辑封套"对话框

9.3.5　应用案例——使用代码片段载入声音

Step01 打开素材文档"113701.fla"，如图 9-63 所示。新建图层，将名称为"按钮"的按钮元件从"库"面板拖曳到舞台中，并调整其位置和大小如图 9-64 所示。

Step02 保持该元件为选中状态，打开"属性"面板，修改其"实例名称"为 button_1，如图 9-65 所示。执行"窗口"→"代码片段"命令，打开"代码片段"面板，如图 9-66 所示。

图 9-63　打开素材文件

图 9-64　拖入元件

图 9-65　设置实例名称

图 9-66　"代码片段"面板

Step 03 展开 ActionScript 选项下方的"音频和视频"选项，选择"单击以播放 / 停止声音"选项，如图 9-67 所示。双击该选项，弹出"动作"面板，自动添加相应的 ActionScript 脚本代码，如图 9-68 所示。

图 9-67　"单击以播放 / 停止声音"选项

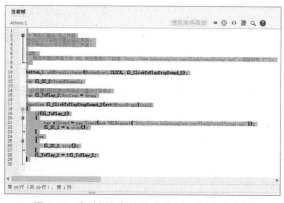

图 9-68　自动添加相应的 ActionScript 脚本代码

图 9-69　测试动画效果

Step 04 按组合键 Ctrl+Enter 测试动画，单击动画中的按钮，可以播放 ActionScript 脚本代码中默认的声音素材，再次单击可以停止播放，如图 9-69 所示。

9.4　使用视频

　　Animate 允许将视频导入动画文件中，用来实现更加丰富的动画效果。Animate 仅支持 FLV、F4V 和 MPEG 这 3 种视频格式。用户可以使用 Adobe Media Encoder（Animate 附带）将其他视频格式转换为 F4V 格式，

　　用户可以直接在 Windows 的"开始"菜单中找到并选择 Adobe Media Encoder 选项

或者单击"导入视频"对话框中的"转换视频"按钮，启动 Adobe Media Encoder，图 9-70 所示为 Adobe Media Encoder 的启动界面和工作界面。

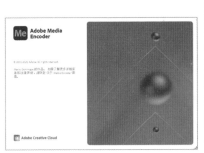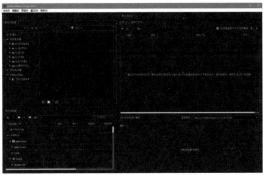

图 9-70　Adobe Media Encoder 的启动界面和工作界面

9.4.1　导入视频

执行"文件"→"导入"→"导入视频"命令，即可弹出"导入视频"对话框，如图 9-71 所示。用户在该对话框中选择要导入的视频文件。可以选择位于本地计算机上的视频文件，也可以输入已经上传到 Web 服务器或 Adobe Media Server 的视频 URL。

要导入本地计算机上的视频文件，可以选择以下选项。

- 使用播放组件加载外部视频：导入视频并通过 FLVPlayback 组件创建视频外观。

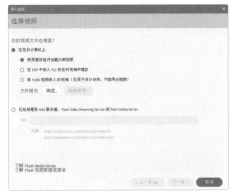

图 9-71　"导入视频"对话框

- 在 SWF 中嵌入 FLV 并在时间轴中播放：将所导入的 FLV 格式视频文件嵌入 Animate 文档中，导入的视频将直接置于时间轴中，可以看到时间轴所表示的各个视频帧的位置。
- 将 H.264 视频嵌入时间轴（仅用于设计时间，不能导出视频）：将所导入的 F4V（H.264）格式的视频文件嵌入 Animate 文档的时间轴中。

> **提示**
>
> 位于 Web 服务器上的视频剪辑的 URL 将使用 http 通信协议。位于 Adobe Media Server 或 Flash Streaming Service 上的视频剪辑的 URL 将使用 RTMP 通信协议。

> **小技巧**
>
> 将视频内容直接嵌入 Animate 文档中，SWF 文件中会显著增加发布文件的大小，这个选项适合于小的视频文件。

选择"使用播放组件加载外部视频"选项，单击"浏览"按钮，选择要导入的视频文件，单击"下一步"按钮，进入"设定外观"界面，如图 **9-72** 所示。选择播放组件的外观后单击"下一步"按钮，进入"完成视频导入"界面，如图 **9-73** 所示。单击"完成"按钮，即可完成导入视频的操作，导入视频效果如图 **9-74** 所示。

图 9-72 "设定外观"界面   图 9-73 "完成视频导入"界面   图 9-74 导入视频效果

9.4.2 应用案例——导入渐进式下载视频

Step 01 新建一个 320 像素 ×180 像素，帧频为 24fps 的空白文档，如图 **9-75** 所示。执行"文件"→"导入"→"导入视频"命令，弹出"导入视频"对话框，如图 **9-76** 所示。

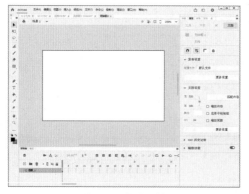

图 9-75 新建文档   图 9-76 "导入视频"对话框

提示

　　"渐进式下载"视频方式允许用户使用脚本将外部的 **FLV** 格式文件加载到 **SWF** 文件中，并且可以在播放时控制给定文件的播放或回放。由于视频内容独立于其他 Animate 内容和视频回放控件，因此只更新视频内容而无须重复发布 SWF 文件，使视频内容的更新更加容易。

Step 02 单击"浏览"按钮，弹出"打开"对话框，从中选择需要导入的视频，如图 **9-77** 所示。单击"打开"按钮，在"导入视频"对话框中可以看到导入的视频路径，如图 **9-78** 所示。

Step 03 选择"使用播放组件加载外部视频"选项，单击"下一步"按钮，在弹出的"设定外观"界面的"外观"下拉列表中选择一种外观，如图 **9-79** 所示。单击"下一步"按钮，显示"完成视频导入"界面，如图 **9-80** 所示。

图 9-77　选择需要导入的视频文件

图 9-78　显示所导入的视频路径

图 9-79　选择视频播放器外观

图 9-80　"完成视频导入"界面

Step04 单击"完成"按钮，即可完成视频的导入，效果如图 **9-81** 所示。按组合键 **Ctrl+Enter** 测试动画，效果如图 **9-82** 所示。

图 9-81　导入视频效果

图 9-82　测试动画效果

9.5　本章小结

　　本章主要讲解了 Animate 动画中文本的创建与设置方法，声音的导入和应用方法以及视频的导入和应用方法。通过学习本章内容，读者应掌握在动画中使用文本、声音和视频的方法和技巧，以获得主题明确、效果丰富的动画效果。

第 10 章
组件、动画预设和命令

通过将组件与 ActionScript 3.0 结合，用户可以更快速地完成 Animate 应用程序的开发，应用"动画预设"面板中的预设动画可帮助用户快速制作补间动画。此外，用户还可以将日常工作中常用到的操作保存为命令，以方便地取用，减少重复操作，这些自定义的命令均被保存在"命令"菜单下。

本章知识点

（1）了解 Animate 组件的概念。
（2）掌握 Animate 组件的使用方法。
（3）掌握"动画预设"制作动画的方法。
（4）掌握自定义命令的创建和使用方法。
（5）掌握编辑自定义命令的方法。

10.1 Animate 组件简介

Animate 中的组件提供一种功能或一组相关的可重用自定义组件，可以提高广告创建者的工作效率。以前，Animate 支持将基于 Flash 的对象与 Flash 组件搭配使用。自 Animate CC 2021 版本开始支持 HTML5 Canvas。

10.1.1 使用 Animate 组件

执行"窗口"→"组件"命令，弹出"组件"面板，默认情况下，"组件"面板中包含 User Interface 和 Video 两种类型的组件，如图 10-1 所示。用户可以将任一组件从"组件"面板拖曳到舞台中，完成组件界面的制作，如图 10-2 所示。

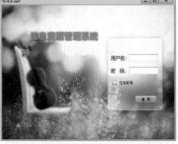

图 10-1 "组件"面板 　　图 10-2 使用组件制作组件界面

　　拖曳组件到舞台中时，Animate 会将其自动导入"库"面板，如图 10-3 所示。用户可以从"库"面板拖曳使用组件实例到舞台中。选中舞台中的组件，用户可以在"属性"面板中根据需求设置组件，如图 10-4 所示。

图 10-3　导入组件到　　图 10-4　"属性"
　　　"库"面板　　　　　　　　面板

提示

　　用户可以使用 User Interface 中的各种组件来完成用户界面的设计。若执行"视图"→"显示 Tab 键顺序"命令，则当表单运行时，用户可以按 Tab 键选择表单中的控件，使焦点在控件间移动。

10.1.2　使用代码片段为组件添加交互性

　　执行"窗口"→"代码片段"命令，弹出"代码片段"面板，如图 10-5 所示。"代码片段"面板中包含 ActionScript 和 HTML5 Canvas 两类代码片段。

　　选择 HTML5 Canvas 组件，可以看到"用户界面""视频"和"jQueryUI"3 种代码片段，如图 10-6 所示。根据用户所选的组件，双击相应的代码片段，即可在"动作"面板中显示出来，如图 10-7 所示。

图 10-5　"代码片段"　　图 10-6　组件代码片段　　图 10-7　"动作"面板
　　　　面板

10.1.3　应用案例——使用代码片段控制视频播放

Step 01 执行"文件"→"新建"命令，在弹出的"新建文档"对话框中选择"高级"选项下的"HTML5 Canvas"平台，如图 10-8 所示。单击"创建"按钮，新建一个 Animate 文档。将"Video"组件从"组件"面板拖曳到界面中，效果如图 10-9 所示。

Step 02 选中视频组件，单击"属性"面板中的"显示参数"按钮，如图 10-10 所示。在弹出的"内容路径"对话框中选择"110103.mp4"，取消勾选"匹配原尺寸"复选框，如图 10-11 所示。

图 10-8　新建文档

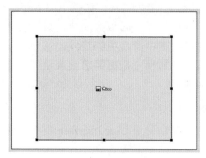

图 10-9　使用视频组件

图 10-10　"组件参数"面板

图 10-11　添加视频路径

Step03 单击"确定"按钮，取消勾选"自动播放"和"控制"复选框，如图 **10-12** 所示。将 Button 元件从"组件"面板拖曳到舞台中，在"组件参数"面板中修改"标签"文字，如图 **10-13** 所示。

图 10-12　取消自动播放

图 10-13　使用按钮组件

Step04 选中按钮元件，双击"HTML5 Canvas"→"组件"→"用户界面"→"单击按钮事件"选项，如图 **10-14** 所示。单击弹出的"Adobe Animate"对话框中的"确定"按钮，"动作"面板如图 **10-15** 所示。

Step05 选择视频组件，双击"HTML5 Canvas"→"组件"→"视频"→"播放视频"选项，"动作"面板如图 **10-16** 所示。删除多余代码并移动到如图 **10-17** 所示的位置。

图 10-14　单击按钮事件

图 10-15　"动作"面板

图 10-16　播放视频代码

图 10-17　删除多余代码并移动位置

Step06 按组合键 Ctrl+Enter 测试，界面效果如图 10-18 所示。单击按钮组件，视频播放效果如图 10-19 所示。

图 10-18　测试界面效果

图 10-19　视频播放效果

10.2　使用动画预设

动画预设是预设配置的补间动画。选择舞台中的对象并单击"动画预设"面板中的"应用"按钮，即可将动画预设应用于对象。

Animate 自带的每个动画预设都可以在"动画预设"面板中预览动画效果。执行"窗

图 10-20 "动画
预设"面板

图 10-21 动画
预设预览

口"→"动画预设"命令，打开"动画预设"面板，如图 10-20 所示。在"默认预设"文件夹中选择一个默认的动画预设，即可预览默认动画预设的效果，如图 10-21 所示。如果需要停止预览播放，在"动画预设"面板外单击即可。

10.2.1　应用动画预设

选中舞台中的对象（元件实例或文本字段），在"动画预设"面板中选择一种需要应用的动画预设选项，单击"应用"按钮，即可为选中的对象应用所选择的动画预设，如图 10-22 所示。

每个对象只能应用一个动画预设，如果将第二个动画预设也应用于该对象，会弹出提示框，提示是否替换当前动画预设，如图 10-23 所示。单击"是"按钮，第二个预设将替换第一个预设。

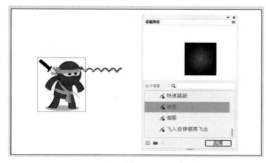

图 10-22　应用动画预设

图 10-23　提示框

将动画预设应用于舞台上的对象后，在时间轴中创建的补间就不再与"动画预设"面板有任何关系了。在"动画预设"面板中删除或重命名某个动画预设对以前使用该预设创建的所有补间没有任何影响。如果在面板中的现在预设上保存新预设，它对使用原始预设创建的任何补间没有影响。

每个动画预设都包含特定数量的帧，在应用预设时，在时间轴中创建的补间范围将包含此数量的帧。如果目标对象已应用了不同长度的补间，补间范围将进行调整，以符合动画预设的长度，可在应用预设后调整时间轴中补间范围的长度。

> **提示**
>
> 包含 3D 动画的动画预设只能应用于影片剪辑元件实例。已补间的 3D 属性不适用于图形或按钮元件，也不适用于传统文本字段。可以将 2D 或 3D 动画预设应用于任何 2D 或 3D 影片剪辑。

10.2.2　应用案例——应用动画预设创建动画

Step 01 执行"文件"→"新建"命令，新建一个 ActionScript 3.0 文档，如图 10-24 所

示。按组合键 Ctrl+R，将图像素材"122301.jpg"导入舞台中，如图 10-25 所示。

图 10-24　"新建文档"对话框

图 10-25　导入素材图像"122301.jpg"

Step 02 新建"图层 _2"，导入图像素材"122302.png"，并调整其大小和位置，如图 10-26 所示。按 F8 键，将其转换成"名称"为"飞机"的"图形"元件，如图 10-27 所示。

图 10-26　导入素材图像"122302.png"

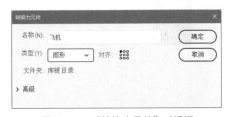

图 10-27　"转换为元件"对话框

Step 03 保持元件实例的选择状态，打开"动画预设"面板，在"默认预设"文件夹中选择"飞入后停顿再飞出"动画预设，如图 10-28 所示。单击"应用"按钮，为舞台中的元件实例应用所选择的动画预设，效果如图 10-29 所示。

图 10-28　选择动画预设

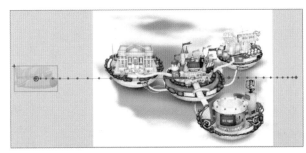

图 10-29　为元件应用相应的动画预设

Step 04 在"图层 _1"中的第 45 帧位置按 F5 键插入帧，"时间轴"面板如图 10-30 所示。完成该动画的制作，按组合键 Ctrl+Enter 测试动画，效果如图 10-31 所示。

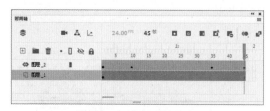

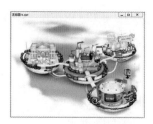

图 10-30 "时间轴"面板   图 10-31 测试动画效果

10.2.3 导入和导出动画预设

动画预设存储为 XML 文件，导入 XML 补间文件可将其添加到"动画预设"面板。单击"动画预设"面板右上角的倒三角按钮▾▤，在打开的菜单中选择"导入"选项，如图 10-32 所示，就可以在弹出的"打开"对话框中选择需要导入的文件。

可以将动画预设导出为 XML 文件，以便与其他 Animate 用户共享。在"动画预设"面板中选择需要导出的预设，从面板菜单中选择"导出"选项，在弹出的"另存为"对话框中为 XML 文件选择名称和位置，如图 10-33 所示，单击"保存"按钮即可。

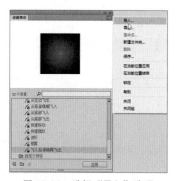

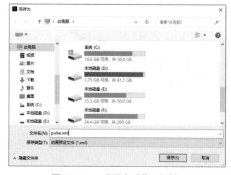

图 10-32 选择"导入"选项   图 10-33 "另存为"对话框

10.2.4 将补间另存为自定义动画预设

如果用户创建自己的补间或者对从"动画预设"面板应用的补间进行更改，可将它另存为新的动画预设。新预设将显示在"动画预设"面板中的"自定义预设"文件夹中。

选择时间轴中的补间范围或舞台上的应用了自定义补间的对象或运动路径，单击"动画预设"面板中的"将选区另存为预设"按钮▣，系统将弹出"将预设另存为"对话框，如图 10-34 所示。在该对话框中为预设命名，单击"确定"按钮，新预设将出现在"动画预设"面板中，如图 10-35 所示。

图 10-34 "将预设
另存为"对话框   图 10-35 "动画
预设"面板

10.2.5　应用案例——自定义动画预设

Step01 新建一个空白的 Animate 文档，使用"矩形工具"在舞台中绘制一个图形，如图 10-36 所示。选择刚绘制的矩形，按 F8 键，将其转换成"名称"为"形状"的"图形"元件，如图 10-37 所示。

图 10-36　绘制矩形　　　　　　　　　图 10-37　"转换为元件"对话框

Step02 单击时间轴第 1 帧位置，执行"插入"→"创建补间动画"命令，为第 1 帧创建补间动画，如图 10-38 所示。将插放头移至第 24 帧位置，选择舞台中的元件实例，在"属性"面板中设置 Alpha 值为 0%，如图 10-39 所示。

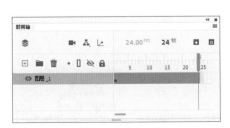

图 10-38　创建补间动画　　　　　　　图 10-39　设置元件不透明度

Step03 保持补间范围的选中状态，单击"动画预设"面板左下角的"将选区另存为预设"按钮，在弹出的"将预设另存为"对话框中为预设输入名称，如图 10-40 所示。单击"确定"按钮，自定义动画预设将添加到"动画预设"面板中的"自定义预设"文件夹中，如图 10-41 所示。

图 10-40　设置预设名称　　　　　　　图 10-41　创建自定义动画预设

图 10-42　"删除预设"提示框

中默认的动画预设是无法删除的。

10.2.6　删除动画预设

在"动画预设"面板中选择要删除的预设，单击面板中的"删除项目"按钮，系统将弹出提示框，如图 10-42 所示，单击"删除"按钮即可将其删除。Animate

10.3　使用命令

用户可以在"命令"菜单中选择一个命令，用来重复执行同一个任务。使用该命令时，不能对它们进行修改，只能按照设定好的执行顺序执行。

10.3.1　创建命令

在"历史记录"面板中选择一个步骤或一组步骤，选择面板菜单中的"另存为命令"命令，如图 10-43 所示。

在弹出的"另存为命令"对话框中输入命令名称，如图 10-44 所示。单击"确定"按钮，即可在"命令"菜单中创建一个命令，如图 10-45 所示。

  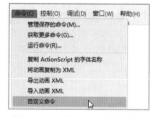

图 10-43　"另存为命令"命令　　图 10-44　"另存为命令"对话框　　图 10-45　自定义的命令菜单

10.3.2　应用案例——自定义命令

Step01 新建一个空白的 Animate 文档，使用"多角星形工具"在舞台中绘制一个正五边形，如图 10-46 所示。选择刚绘制的正五边形，按 F8 键，将其转换成"名称"为"形状"的"图形"元件，如图 10-47 所示。

图 10-46　绘制正五边形　　　　　图 10-47　"转换为元件"对话框

　　Step 02 执行 "窗口" → "历史记录" 命令，打开 "历史记录" 面板，选择 "转换为元件" 选项，如图 10-48 所示。单击该面板中的 "将选定步骤保存为命令" 按钮 🔄，在弹出的 "另存为命令" 对话框中为其命名，如图 10-49 所示。单击 "确定" 按钮，即可将该命令添加到 "命令" 菜单中，如图 10-50 所示。

图 10-48　选择 "转换为元件" 选项　　　图 10-49　"另存为命令" 对话框　　　图 10-50　自定义的命令菜单

　　Step 03 按组合键 Ctrl+R，将图像素材 "123301.png" 导入舞台，如图 10-51 所示。保持素材图像的选择状态，执行 "命令" → "转换为图形元件" 命令，如图 10-52 所示。

图 10-51　导入素材图像　　　　　　　图 10-52　执行自定义命令

　　Step 04 导入的图像素材将被转换成图形元件，可以在 "属性" 面板中查看其属性，如图 10-53 所示。在 "库" 面板中可以看到自动生成的名称为 "元件 1" 的图形元件，如图 10-54 所示。

图 10-53　"属性" 面板　　　　　　　　图 10-54　"库" 面板

10.3.3　管理保存的命令

执行"命令"→"管理保存的命令"命令，弹出"管理保存的命令"对话框，如图 10-55 所示。在该对话框中选择要重命名的命令，单击"重命名"按钮，在弹出的"重命名命令"对话框中输入新名称，如图 10-56 所示。单击"确定"按钮，即可完成重命名命令的操作。

图 10-55　"管理保存的命令"对话框　　　　图 10-56　"重命名命令"对话框

在"管理保存的命令"对话框中选择要删除的命令，单击"删除"按钮，弹出系统提示框，如图 10-57 所示，单击"是"按钮，即可将其删除。

图 10-57　提示框

提示

　　无法保存为命令或重复的动作示例包括：选择帧或修改文档大小。如果尝试将不可重复的动作保存为命令，则不会保存该命令。某些任务不能保存为命令或使用"编辑"→"重复"菜单项重复。这些命令可以撤销和重做，但无法重复。

10.4　本章小结

　　使用组件，用户可以在 Animate 中制作丰富的表单页面，完成与用户的各种交互操作；使用动画预设，可以帮助用户快速制作同类型的 Animate 动画。将常用的操作存储为命令，能够帮助用户做好动画制作工作，提高工作效率。

第 11 章
掌握 ActionScript

"交互性"是 Animate 区别于其他动画制作软件的最重要特征。而 ActionScript 是 Animate 中实现交互的主要手段。学习并掌握 ActionScript 的使用方法和技巧，能够帮助用户完成更丰富的交互动画。本章主要讲解 ActionScript 的基本语法知识，帮助读者深刻体会 Animate 交互动画制作的方法。

本章知识点

（1）了解 ActionScript 脚本代码。
（2）了解"代码片段"面板和代码片段的添加。
（3）掌握 ActionScript 的基本语法。
（4）掌握 ActionScript 的流程控制方法。
（5）掌握 ActionScript 中类的使用方法。

11.1 关于 ActionScript

ActionScript 是一个完全基本 OOP 的标准化面向对象语言。它允许用户向应用程序添加复杂的交互性、播放控制和数据显示。用户在 Animate 中可以使用"动作"面板、"脚本"窗口或外部编辑器在创作环境内添加 ActionScript。

ActionScript 遵循自身的语法规则和保留关键字，并且允许使用变量存储和检索信息。ActionScript 含有一个很大的内置类库，使用户可以通过创建对象来执行许多有用的任务。

提示

把面向对象的思想应用于软件开发过程中，指导开发活动的系统方法，简称 OO，而面向对象程序设计技术，简称为 OOP。

11.1.1 认识"动作"面板

一般情况下，在 Animate 中会通过在"动作"面板中输入脚本来完成程序的编写。使用"动作"面板，初学者和熟练的程序员都可以迅速而有效地编写出功能强大的程序。

执行"文件"→"新建"命令，新建一个 HTML5 Canvas 文档。执行"窗口"→"动作"命令，打开"动作"面板，包含脚本导航器和脚本两个窗格，如图 11-1 所示。

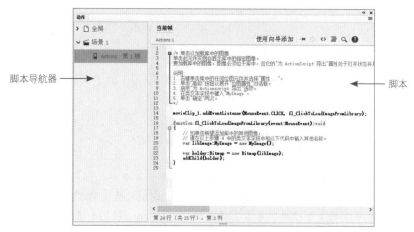

脚本导航器

脚本

图 11-1　"动作"面板

　　脚本导航器窗格中列出了 Animate 文档中的所有脚本，方便用户快速查看脚本。单击脚本导航器中的项目，即可在脚本窗格中查看该脚本。用户可以在脚本窗格中键入与当前所选帧相关联的 ActionScript 代码。

　　脚本窗格上方为用户提供了使用向导添加、固定脚本、插入实例路径和名称、代码片段、设置代码格式、搜索和帮助功能，帮助用户简化 ActionScript 中的编码工作。

　　新建 HTML5 Canvas 文档，单击"使用向导添加"按钮 使用向导添加，用户可以在弹出的向导界面中将交互功能添加到 HTML5 中，如图 11-2 所示。

　　单击"固定脚本"按钮 ，将脚本固定到脚本窗格中各个脚本的固定标签，然后相应移动它们。如果您没有将 FLA 文件中的代码组织到一个中央位置，则此功能非常有用。用户可以将脚本固定，以保留代码在动作面板中的打开位置，然后在各个打开的不同脚本中切换。

　　单击"插入实例路径和名称"按钮 ，可以帮助用户设置脚本中某个动作的绝对或相对路径。单击"代码片段"按钮 ，即可打开"代码片段"面板，其中显示代码片段示例，如图 11-3 所示。

图 11-2　使用向导添加

图 11-3　"代码片段"面板

　　单击"设置代码格式"按钮 ，可以帮助用户设置代码格式。单击"搜索"按钮 ，用户可以完成查找并替换脚本中的文本，如图 11-4 所示。单击"帮助"按钮，将打开浏览器，显示如何在 Animate 中使用 ActionScript 的内容，如图 11-5 所示。

图 11-4 查找并替换　　　　图 11-5 显示如何在 Animate 中使用 ActionScript

提示

用户可以执行"文件"→"ActionScript 设置"命令，对 ActionScript 3.0 进行相应的设置和管理。

小技巧

如果需要创建外部文件，可以执行"文件"→"新建"命令，选择要创建的外部文件类型（ActionScript 文件或 ActionScript 通信文件等），在打开的脚本编辑窗口中直接输入代码即可。

11.1.2 应该案例——使用向导添加脚本

Step01 新建一个 HTML5 Canvas 文档，执行"窗口"→"动作"命令，弹出"动作"面板，如图 11-6 所示。单击"动作"面板中的"使用向导添加"按钮，使用向导添加脚本，如图 11-7 所示。

图 11-6 "动作"面板　　　　图 11-7 使用向导添加脚本

Step02 在"选择一项操作"文本框中输入要添加的脚本，如图 11-8 所示。单击 Get frame number 选项，将获取帧编号动作添加到脚本窗口中，如图 11-9 所示。

图 11-8　输入文本　　　　　　　　　　　图 11-9　添加动作到脚本窗口

Step 03 单击"下一步"按钮，选择脚本触发事件，如图 11-10 所示。单击"完成并添加"按钮，即可完成使用向导添加脚本操作，如图 11-11 所示。

图 11-10　选择脚本触发事件　　　　　　　图 11-11　完成向导添加脚本

11.2　使用"代码片段"面板

"代码片段"是 Animate 为用户提供的一种非常方便的工具，可以帮助用户在不精通编程的前提下，使用 ActionScript 制作动画效果。同时，通过学习片段中的代码并遵循代码说明，可以很快了解代码结构和词汇。

利用"代码片段"面板，用户可以添加影响舞台上对象行为的代码；控制时间轴中播放头移动的代码；允许触摸屏交互的代码以及将用户创建的新代码片段添加到面板中。

11.2.1　添加代码片段

执行"窗口"→"代码片段"命令，即可打开"代码片段"面板，如图 11-12 所示。选中舞台中需要添加代码的对象，根据动画制作需要选择并双击一个代码片段选项，如图 11-13 所示，即可完成代码的添加，"动作"面板如图 11-14 所示。

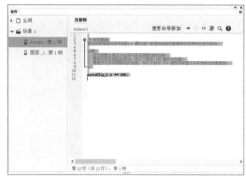

图 11-12　"代码片　　图 11-13　应用代码片段　　　图 11-14　"动作"面板
段"面板

一般情况下，为了使 ActionScript 能够控制舞台上的对象，此对象必须在"属性"面板中设定实例名称，如图 11-15 所示。添加代码片段之后，会自动新建一个名称为 Actions 的图层，在该图层的关键帧中放置 ActionScript 脚本代码，"时间轴"面板如图 11-16 所示。

图 11-15　为元件设置"实例名称"

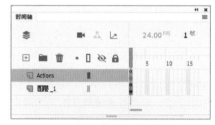

图 11-16　"时间轴"面板

11.2.2　应用案例——为动画添加超链接

Step 01 执行"文件"→"打开"命令，打开素材文件"132401.fla"，如图 11-17 所示。选择第 10 帧上的文字元件，如图 11-18 所示。

图 11-17　打开素材文件

图 11-18　选择文字元件

图 11-19　设置　　图 11-20　双击相应
"实例名称"　　　的代码片段选项

Step02 在"属性"面板中设置其"实例名称"为"标题"，如图 11-19 所示。打开"代码片段"面板，双击"动作"文件夹中的"单击以转到 Web 页"选项，如图 11-20 所示。

Step03 弹出"动作"面板，并自动添加相应的 ActionScript 脚本代码，如图 11-21 所示。根据需要修改 ActionScript 脚本代码中的链接地址，如图 11-22 所示。

图 11-21　自动添加相应的 ActionScript 脚本代码

图 11-22　修改链接地址

Step04 完成该动画的制作，按组合键 **Ctrl+Enter** 测试动画，效果如图 11-23 所示。单击动画中的文字，即可在系统默认的浏览器中打开所设置的链接地址页面，如图 11-24 所示。

图 11-23　测试动画效果

图 11-24　打开链接地址页面

11.3　自定义 ActionScript 编辑器环境

在 Animate 中，用户可以根据自己的习惯定制"动作"面板中编辑器的环境参数。通过定制可以对编辑器的背景色和前景色进行设置，也可以定制保留字、语法关键字、字符串和注释的颜色、字体、大小等参数。

执行"编辑"→"首选参数"→"编辑首选参数"命令，弹出"首选参数"对话框，在左侧选择"代码编辑器"选项，如图 11-25 所示，即可对 ActionScript 编辑器环境进行定制。单击"修改文本颜色"按钮，弹出"代码编辑器文本颜色"对话框，可以对代码编辑器中默认的代码文本颜色进行自定义设置，如图 11-26 所示。

图 11-25 "代码编辑器"设置选项　　　　图 11-26 "代码编辑器文本颜色"对话框

11.4 如何添加 ActionScript

在 Animate 中可以将 ActionScript 脚本代码写在 Fla 文件中，也可以将其作为一个单独的 AS 文件保存。

11.4.1 放在时间轴的关键帧上

将 ActionScript 脚本代码编写在时间轴的关键帧上是最常见的方法。选择时间轴上的某一个关键帧，打开"动作"面板，就可以为该关键帧编写 ActionScript 脚本代码了。

当在关键帧中编写 ActionScript 脚本代码时，"动作"面板顶部的选项卡会提示为"当前帧"，并在左侧的选项卡上提示程序代码位于哪一个图层的哪一帧，如图 11-27 所示。

添加的 ActionScript 脚本代码将被统一放置在一个名为 Action 的图层中，按照添加脚本代码的位置插入一个带 a 标签的帧，如图 11-28 所示。

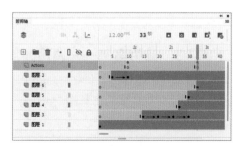

图 11-27 显示当前脚本代码的位置　　　　图 11-28 显示添加脚本代码的帧

11.4.2　在外部 ActionScript 文件中编写代码

为了增加 Animate 动画的安全性，可以将 ActionScript 脚本代码写在位于外部的 ActionScript 文件中，然后可以使用多种方法将外部 ActionScript 文件中的定义应用到当前的应用程序。

使用 Animate，用户可以轻松创建和编辑外部 ActionScript 文件，执行"文件"→"新建"命令，在弹出的"新建文档"对话框中选择"ActionScript 文件"，即可创建一个外部 ActionScript 文件，如图 11-29 所示。

创建的 ActionScript 编辑器将不再是"动作"面板，转化成了一种纯文本格式，如图 11-30 所示。它可以使用任何文本编辑器编辑，如记事本，而且无须定义 ActionScript 版本，因为最终将被加载到帧中编译。

图 11-29　选择"ActionScript 文件"选项　　　　图 11-30　ActionScript 文件编辑界面

外部的 ActionScript 文件并非全部是类文件，有些是为了管理方便，将帧代码按照功能放置在一个一个的 ActionScript 文件中。使用 include 指令将 ActionScript 文件中的代码导入到当前帧中，指令格式如下：

```
include [path]filename.as
```

提示

include 指令在编译时调用，并不是动态调用的。因此如果对外部文件进行了更改，则必须保存该文件，并重新编译所有使用它的源文件。

用户不但可以在帧代码中使用 include 指令，也可以在 ActionScript 文件中使用 include 指令，但不能在 ActionScript 类文件中使用。

include 可以对要包括的文件不指定路径、指定相对路径或指定绝对路径。

11.4.3　应用案例——调用外部 ActionScipt 文件

Step01 执行"文件"→"打开"命令，打开素材文件"134301.fla"，效果如图 11-31 所示。打开"库"面板，在图片"girl.jpg"文件上右击，在弹出的快捷菜单中选择"属性"命令，如图 11-32 所示。

图 11-31　打开素材文件　　　　　　　　　　　图 11-32　选择"属性"命令

Step 02 单击弹出的"位图属性"对话框中的 ActionScript 选项卡，勾选"为 ActionScript 导出（X）"复选框，设置"类"名称 MyImage，如图 11-33 所示，单击"确定"按钮。执行"文件"→"新建"命令，新建一个 ActionScript 文件，如图 11-34 所示。

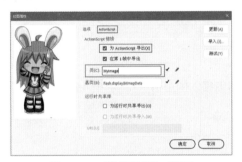

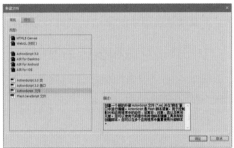

图 11-33　"位图属性"对话框　　　　　　　　图 11-34　新建 ActionScript 文件

Step 03 在编辑器中输入代码，如图 11-35 所示。执行"文件"→"保存"命令，将文件保存为"13-4-3.as"。返回 Fla 文件，按 F9 键，打开"动作"面板，输入如图 11-36 所示代码。

图 11-35　输入 ActionScript 脚本代码　　　　　图 11-36　调用外部 ActionScript 文件

Step 04 完成该动画的制作。按组合键 Ctrl+Enter 测试动画，效果如图 11-37 所示，单击动画中的 Enter 按钮，将调用指定的图片素材显示在动画中，如图 11-38 所示。

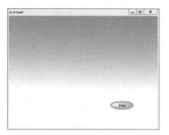

图 11-37　测试动画效果

图 11-38　加载素材图片显示

11.5　ActionScript 3.0 的基本语法

和其他程序开发语言一样，ActionScript 具有语法和标点规则，这些规则用来定义创建代码的字符（character）、单词（word）、语句（statement），以及撰写它们 deep 顺序，下面就这些基本的语法规则进行学习。

11.5.1　空白和多行书写

脚本中的"空白"包括使用键盘上的空格键插入的空格、Tab 键插入的缩进，以及 Enter 键插入的换行符。

```
VarmyAlign;

var myAlign myAlign = "right";
```

在关键字 var 和 mayAlign 之间应该有空格（空格键插入的空格），var myAlign 和 myAlign = "right"; 是两条语句，它们之间应该使用分号（;）作为分隔符。

一条语句必须在一行内完成，但是，如果一行代码过长，则可以采用多行书写的方式，由于 ActionScrip 将分号（;）作为语句之间的分隔符，所以，只需使用空格或者按 Enter 键换行就可以完成多行书写的方式，例如下面所示的代码：

```
var myArray: Array=["鼠", "牛", "虎", "兔",
"龙", "蛇", "马", "羊",
"猴", "鸡", "狗" , "猪"];
```

这样，代码更容易阅读。但是不能将引号内的字符串放到两行去，这样将会导致程序的错误。

11.5.2　点语法

在 ActionScript 中，点（.）被用来表明与某个对象相关的属性和方法，它也用于标识变量的目标路径。点语法表达式由对象名开始，接着是一个点，紧跟的是要指定的属性、方法或者变量。

```
myArr.height
```

height 是 Array 对象的属性，它是指数组的元素数量。表达式是指 Array 类实例

myArr 的 height 属性。

表达一个对象的方法遵循相同的模式。例如，**myArr** 实例的 **join** 方法把 **myArr** 数组中所有的元素连接成为一个字符串：

```
myArr.join();
```

表达一个影片剪辑的方法遵循相同的模式。例如，**man_mc** 实例的 **play** 方法移动 **man_mc** 的时间轴播放头，开始播放：

```
man_mc.play();
```

点语法有两个特殊的别名：root 和 parent。 root 是指主时间轴，可以使用 root 创建一个绝对路径：

```
root.functions.myFunc();
```

这段代码的意思就是调用主时间轴上影片剪辑实例 **functions** 内的 **myFunc()** 函数。

也可以使用别名 parent 引用嵌套当前影片剪辑的影片剪辑，也可以用 parent 创建一个相对目标路径：

```
parent.stop();
```

影片剪辑 **dog_mc** 被嵌套在影片剪辑 **animal_mc** 之中，实例 **dog_mc** 将在执行命令后停止播放。

11.5.3 花括号

ActionScript 语句常使用花括号（{}）分块，例如下面的代码，使用花括号来包围函数的代码：

```
function myFunction(): void {
var myDate: Date = new Date();
var currentMonth: Number = myDate.getMonth();
}
```

条件语句、循环语句也经常用花括号进行分块。

11.5.4 分号

ActionScript 语句以换行符作为一条语句的结束，但也可以使用分号作为一条语句的分隔符，这可以实现在一行中书写多条语句：

```
var var_a = true;  var var_c=20100807;
```

如果省略了这行语句中间的分号，程序则会报错，并中止执行后面的代码。程序代码最后一个分号可以省略。

11.5.5 圆括号

当定义函数时，要把参数放在圆括号中：

```
myFunction("steve",10,true);
```

圆括号也可以用来改变 ActionScript 运算符的优先级，或者使编写的 ActionScript 程序更容易理解。

也可以用圆括号来计算语法中点左边的表达式:

```
(new Array("steve",10,true).concat(2010);
```

圆括号中的表达式创建一个新的数组对象。如果没有加括号，则代码应该修改为:

```
var myArray = new Array("steve",10,true);
myArray.concat(2010);
```

11.5.6 字母的大小写

在 ActionScript 中，变量和对象对大小写的区分十分严格，例如下面的语句就定义了 2 个不同的变量:

```
var ppr: Number = 0;
var PPR: Number = 2;
```

如果在书写关键字时没有正确使用大小写，程序将会出现错误。当在“动作”面板中启用语法突出显示功能时，用正确的大小写书写的关键字显示为蓝色。

11.5.7 程序注释

一般的程序都有很多行，为了方便阅读修改，可以在“动作”面板中使用注释语句给代码添加注释。添加注释有助于合作开发者更好地理解编写的程序，从而提高工作效率。

为程序添加了注释，使得复杂的程序也变得更易理解。

```
//创建新的日期对象
var myDate: Date = new Date();
var currentMont:Number = myDate.getMouth();
//把用数字表示的月份转换为用文字表示的月份
var monthName:Namber =
calcMonth(currentMonth);
var year:Number = myDate.getFullYear();
var currentDate:Number = myDate.getDate();
```

如果要使用多行注释，可以使用“/*”和“*/”。位于注释开始标签（/*）和注释结束标签（*/）之间的任何字符都被 ActionScript 解释程序解释为注释并忽略。

需要注意在使用多行注释时，不要让注释陷入递归循环当中，否则会引起错误:

```
/*
"使用多行注释时要注意"; /*递归注释会引起问题*/
*/
```

在“动作”面板中，注释内容以灰色显示，长度不限。而且注释不会影响输出文件的大小，也不需要遵循 ActionScript 语法规则。

11.5.8 关键字

ActionScript 保留一些单词用于特定的用途，因此，不能用这些保留字作为变量名、函数名或者标签名。

11.6　变量和常量

ActionScript 是一种编程语言，先学习一些常规计算机编程概念，对用户学习 ActionScript 会很有帮助。

11.6.1　变量的数据类型

和任何的程序语言一样，ActionScript 语法也必须有基本的变量定义。

在声明变量时要严格指定数据类型（在变量名后面需要跟一个冒号，然后是数据类型）。下面先来学习变量的数据类型。

数据类型就是将各种数据加以分类，是对数据或变量类的说明，它指示该数据或变量可能取值的范围。很多程序语言都提供了一些标准的数据类型，如逻辑型、字符型、整型、浮点型等。ActionScript 的数据类型极其丰富，并且允许用户自定义类型。

数据类型分为简单数据类型和复杂数据类型。

1. 简单数据类型

简单数据类型是构成数据的最基本元素，下面介绍 ActionScript 中的简单数据类型。

● Boolean 数据类型

Boolean 为逻辑数据类型，逻辑值是 true 或 false 中的一个。ActionScript 也会在适当的时候将值 true 和 false 转化为 1 和 0。逻辑值经常与 ActionScript 语句中通过比较来控制程序流的逻辑运算符一起使用。

● String 数据类型

String 为字符串类型，无论是单一字符或数千字字符串都使用这个变量类型，除了内存限制以外，对其长度没有限制。值得注意的是要赋字符串值给变量，要在首尾加上双引号或单引号。

● int、Number、uint 数据类型

这三个类型都是数字，但是数字的取值范围却不同。

```
Number > int    Number > uint
```

在使用数值类型时，能用整数值时优先使用 int 和 uint；整数值有正负之分时，使用 int；只处理正整数，优先使用 uint；处理和颜色相关数值时，使用 uint；如果涉及小数点时，要使用 Number。

● Null 数据类型

Null 数据类型可以被认为是常量，它只有一个值，即 null，这意味着没有值，即缺少数据。在很多情况下可以指定 Null 值，以指示某个属性或变量尚未复制。

● Undefined 数据类型

Undefined 数据类型也可以被认为是常量，它只有一个值，即 undefined，可以使用 Undefined 数据类型检查是否已设置或定义某个变量。此数据类型允许编写只在应用程序运行时执行的代码，如下代码：

```
if (init == undefined) {
    trace("正在下载……")
    init= true;
}
```

如果应用程序中有很多帧，则代码不会执行第二次，因为 init 变量不再是未定义的了。

2. 复杂数据类型

ActionScript 中包括很多的复杂数据类型，并且用户也可以自定义复杂的数据类型，所有的复杂数据类型都是由简单数据类型组成的。

- Void 数据类型

Void 数据类型仅有一个值 Undefined，用来在函数定义中指示函数不返回值，例如下面的代码：

```
//创建返回类型为void的函数
function myFunction(): void{}
```

- Array 数据类型

在编程中，常常需要将一些数据放在一起使用，例如一个班级所有学生的姓名，这个清单就是一个数组。在 ActionScript 中数组是极为常用的数据结构。

Array 为数组变量，数组可以是连续数字索引的数组，也可以是复合数组，ActionScript 不可以定义二维、三维或多维数组。数组中的元素很自由，可以是 String、Number 或 Boolean，甚至是复杂的数据类型。

- Object 数据类型

Object 是属性的集合，属性是用来描述对象特性的，例如，对象的透明度是描述其外观的一个特性，因此 alpha（透明度）是一个属性。每个属性都有名称和值。属性的值可以是任何 Animate 数据类型，甚至可以是 Object 数据类型，这样就可以使对象包含对象（就是将其嵌套）。

- MovieClip 数据类型

影片剪辑是 Animate 应用程序中可以播放动画的元件，它也是一个数据类型，同时被认为是构成 Animate 应用的最核心元素。

MovieClip 数据类型允许使用 MovieClip 类的方法控制影片剪辑元件的实例。

11.6.2　定义和命名变量

ActionScript 使用关键字 var 声明变量并遵守变量命名约定，并且变量是区分大小写的。例如：下面的语句声明了一个名为 mc1 的字符串类型变量：

```
var mc1:String;
```

也可以在一条语句中声明多个变量，用逗号分隔各个声明：

```
var mc1:String, mc2:String, mc3:String;
```

在声明变量时也可以直接为变量赋值，例如下面的代码：

```
var mc1:String="begin";
```

或者一条语句定义多个变量，同时为这些变量赋值：

```
var mc1:String="begin", mc2:String="end", mc3:String="middle";
```

ActionScript 变量区分大小写，例如下面的两个变量是不相同的。

```
var UserName: String;
var userName: String;
```

11.6.3　变量的命名规则

变量名必须是一个 ActionScript 标识符，ActionScript 标识符应该遵循以下的命名规则：

- 第一个字符必须为字母、下画线或者美元符号。
- 后面可以跟字母、下画线、美元符号、数字，最好不要包含其他符号。虽然可以使用其他 Unicode 符号作为 ActionScript 标识符，但不推荐使用，以避免代码混乱。
- 变量不能是一个关键字或逻辑常量（true、false、null 或 undefined）。保留的关键字是一些英文单词，因为这些单词是保留给 ActionScript 使用的，所以不能在代码中将它们用作变量、实例、自定义类等。
- 变量不能是 ActionScript 语言中的任何元素，例如不能是类名称。
- 变量名在它的作用范围内必须是唯一的。

11.6.4　常量

常量也是变量，但它是一个用来表示其值永远不会改变的变量，任何一种语言都会定义一些内建的常量。ActionScript 语言中内建常量如表 11-1 所示。

表 11-1　ActionScript 语言中内建常量

常　　量	说　　明
true	一个表示与 false 相反的唯一逻辑值，表示逻辑真
false	一个表示与 true 相反的唯一逻辑值，表示逻辑假
undefined	一个特殊值，通常用来指示变量尚未赋值
infinity	表示正无穷大的 IEEE-754 值。trace（1/0）返回 infinity
-infinity	表示负无穷大的 IEEE-754 值。trace（-1/0）返回 -infinity
NaN	表示 IEEE-754 定义的非数字值。trace（0/0）返回 NaN
*	指定变量是无类型的
null	一个可以分配给变量的或由未提供数据的函数返回的特殊值

用户可以使用 const 关键字自定义常量，并给它们赋原义值，例如：

```
const  myName:Boolean = true;
const  myHeight:int = 172;
//错误的操作，试图改变常量数值
myHeight = 180;
```

提示

为了避免在运行脚本时对常量重新赋值，最好采用统一的命名方案区分变量和常量。例如，可以使用 con_ 作为常量的前缀，或者常量名的所有字母大写。将常量和变量区分开，可以在复杂脚本开发时避免混乱。

11.7 在程序中使用变量

声明变量后，就可以在程序中使用变量了，同时包括变量赋值等。

11.7.1 为变量赋值

在变量名后直接使用"="即可为变量赋值，例如下面的代码为变量 mc1 赋值：

```
var mc1:String;
mc1 = "myname";
```

首先声明一个变量，然后为该变量赋值，如果要在测试环境中显示变量 mc1 的值，可以使用 trace() 语句。在"动作"面板中输入如图 11-39 所示的代码。

按组合键 Ctrl+Enter 测试效果，"输出"面板如图 11-40 所示。

图 11-39 输入 ActionScript 脚本代码

图 11-40 "输出"面板

也可以在声明变量的同时为变量赋值，上面的代码可以写为如下的形式：

```
var mc1:String = "myname";
trace(mc1);
```

提示

如果变量值是字符串类型，必须使用引号括起来。如果是逻辑、整数或者浮点类型就不需要使用引号了。

11.7.2 变量值中包含引号

如果在变量值中包含了引号（双引号或单引号），此时必须使用转义符（\），例如在"动作"面板中输入如图 11-41 所示的代码。

按组合键 Ctrl+Enter 测试效果，"输出"面板如图 11-42 所示。

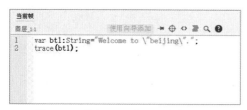

图 11-41 输入 ActionScript 脚本代码 1

图 11-42 "输出"面板 1

但是，如果代码中使用了不同的引号交替包含就无须使用转义符了，例如在"动作"面板中输入如图 11-43 所示的代码。

按组合键 **Ctrl+Enter** 测试效果，"输出"面板如图 **11-44** 所示。

图 11-43　输入 ActionScript 脚本代码 2　　　　图 11-44　"输出"面板 2

11.7.3　变量的默认值

在 ActionScript 3.0 中，如果定义了变量，但没有为其赋值，那么运行环境会为其指定一个默认值。表 11-2 所示为 ActionScript 中不同数据类型变量的默认值。

表 11-2　ActionScript 中不同数据类型变量的默认值

数据类型	默认值
Boolean	false
int	0
uint	0
Number	NaN
Object	null
String	null
未声明	undefined
其他所有类	null

在"动作"面板中输入如图 11-45 所示的代码。按组合键 **Ctrl+Enter**，在"输出"面板中可以看到不同数据类型变量的默认值，如图 11-46 所示。

图 11-45　输入　　　图 11-46　"输出"面板
ActionScript 脚本代码

11.8　创建和使用对象

ActionScript 是一种面向对象的编程语言。面向对象的编程只是一种编程方法，组织程序中代码的方法只有一种，即使用对象（Object）。

在面向对象的编程中，程序指令分布在不同对象中。代码被编组为功能区块，因此相关的功能类型或相关的各条信息被编组到一个容器中。

在 ActionScript 中，类是属性和方法的集合。每个对象都有各自的名称，并且都是特定类的实例。

内建对象都是在 ActionScript 中预定义的类，它们是预定义类的实例。例如，内建的 Date 类可以提供用户的计算机上的系统日期的信息；可以使用内建的 LoadVars 类将变量加载到 SWF 文件中。

ActionScript 中内建了一个名为 Object 的类。通过创建一个 Object 实例可以保存数据的集合，例如一个公司的名称、电话号码和地址；也可以创建一个 Object 实例来保存图形的颜色信息。使用 Object 组织数据有助于更好地组织 Animate 文档。

在 ActionScript 中创建一个 Object 有很多方法。要创建 Object，必须首先使用 new 运算符创建一个该类的实例，例如下面的代码创建了一个新的 Object 实例并在该 Object 中定义了几个属性：

```
var person:Object = new Object();
person.sex = "male";
person.age = 30;
person.birthday = new Date(1977,4,12);//1977年4月12日
```

使用构造器语法创建一个 Object 的实例（使用 new 运算符创建实例也称为构造器语法），然后使用实例为 Object 定义属性和赋值。这一过程也可以按下面的形式简写，直接在构造器中定义属性和赋值：

```
var person:object ={sex: "male", age:30,
birthday:new Date(1977,4,12)};
```

一旦创建了 Object 实例并被赋予了属性，那么就可以使用该实例引用该属性，例如下面的代码就可以访问 person 对象的 birthday 属性并返回该属性的值：

```
trace(person.birthday)
```

使用下面的语句可以在"输出"面板中显示 Object 的属性：

```
var person:Object = new Object();
person.sex = "male";
person.age = 30;
person.birthday = new Date(1977,4,12);
var i:String;
for (i in person){
trace(i+":"+ person[i]);
}
```

按组合键 Ctrl+Enter 测试效果，在"输出"面板中获得如图 11-47 所示的结果。

图 11-47　"输出"面板

11.9 创建和使用数组

在编程中，会经常碰到一些数据需编制一个清单并放在一起使用，比如说编制一个

清单，包含一个班级所有学生的名字。这个清单就是一个数组（**Array**）。

数组是一种极为常用的数据结构。几乎所有的编程语言都支持它。

11.9.1　创建数组

数组是一个类，要使用它，必须首先使用 **new** 运算符创建一个该类的实例，例如创建一个简单的日期名称数组：

```
var myArr:Array = new Array();
myArr[0] = "Monday";
myArr[1] = "Tuesday";
myArr[2] = "Wednesday";
myArr[3] = "Thursday";
```

首先使用构造器语法创建一个 **Array** 的实例，然后使用实例为数组元素赋值。这一数组也可以按下面的形式重写，直接在构造器中进行赋值：

```
var myArr:Array =new Array
("Monday","Tuesday","Wednesday","Thursday");
```

或者使用“**[ ]**”运算符也可以创建 **Array** 类的实例，例如：

```
var myArr:Array =new Array
["Monday","Tuesday","Wednesday","Thursday"];
```

在 ActionScript 中，**Array** 是一个强大的数据类型，用户可以创建一维数组，也可以创建多维数组，而且数组中元素的数据类型可以不同，甚至元素的内容可以是其他的类，从而还可以创建复合数组。

11.9.2　创建和使用索引数组

索引数组存储了一系列值，可以为一个或多个。可以通过项目在数组中的位置查找它们，第一个索引始终是数字 **0**，且添加到数组中的每个后续的元素的索引以 1 为增量递增。例如，在“动作”面板中输入如图 11-48 所示的代码。按组合键 **Ctrl+Enter**，在“输出”面板中可以看到输出的数组值，如图 11-49 所示。

图 11-48　输入 ActionScript 脚本代码　　　　　图 11-49　“输出”面板

如果想修改数组中某个元素的值，可以直接使用赋值语句，例如：

```
myArr[1] = "sunday";
```

数组的维数可以自动扩展，但如果使用赋值语句指定了当前的最大维数，那么运行时就会自动认定该数组的维数。如果数组中某一个小于维数索引上的元素未定义，那么就会将该元素自动赋一个 undefined 值，例如：

```
var myArr:Array = new Array();
```

```
myArr[0] = "Monday";
myArr[2] = "Wednesday";
trace(myArr[1]);//返回undefined
```

11.9.3　创建和使用多维数组

在 ActionScript 中，可以将数组实现为嵌套数组，其本质上就是数组的数组。嵌套数组又称为多维数组，可以被看作矩阵或网格。

例如以下代码：

```
//直接使用中括号嵌套来创建多维数组
var samplel:Array=[[1,2,3],[4,5,6],[7,8,9]];
trace(sample[2]);
//注意数组索引是由零开始的，所以输出的是第三个数组: 7,8,9
trace(sample[2][1]);
//输出第三个数组及第二个元素: 8
//使用构造函数来创建多维数组
var sample2:Array=
new Array(new Array(1,2,3,),
new Array(4,5,6,),new Array(7,8,9));
        trace(sample2[2][1]);
//输出: 8
//先定义数组的长度，再一一添加子数组
var sample3:Array=new Array(3);
sample3[0]=[1,2,3];
sample3[1]=[4,5,6];
sample4[2]=[7,8,9,];
trace(sample3[2][1]);
//输出: 8
```

以上的例子中，只嵌套了一次，所以是二维数组。二维数组往往用来表示矩形或者网格。如果嵌套两次，那么就是三维数组，以此类推。

11.10　表达式和运算符

要完成对数据的处理和变量的运算，就必须有运算符。定义好变量后，需要对它们进行赋值、改变和执行计算，这些都由运算符来完成。运算符是指怎样结合、比较或修改表达式值的字符。

运算符可以用来处理数字、字符串及其他需要进行比较运算的条件。ActionScript 内建了非常丰富的运算符，用来完成表达式运算功能。

11.10.1　表达式

运算符都必须有运算对象才可以进行运算。运算对象和运算符的组合称为表达式。

ActionScript 表达式是指能够被 ActionScript 解释计算并生成 ActionScript "短语"，短语可以包含文字、变量、运算符等。生成的单个值可以是任何有效的 ActionScript 类型：数字（Number）、字符串（String）、逻辑值（Boolean）、对象（Object）。

- 简单表达式和复杂表达式

按照表达式的复杂程度可以分为简单表达式和复杂表达式。最简单表示式仅仅是由文字组成的：

```
3.15                                //数字文字
"加油"                              //字符串文字
True                                //逻辑文字
Null                                //文字空值
(x:1, y:2)                          //对象文字
[4,5,6]                             //数组文字
Function(abc) {return abc+abc;}     //函数文字
```

更多复杂的表达式中包含变量、函数、函数调用及其他表达式。可以用运算符将表达式组合，创建复合表达式：

```
var anExpression:Number = 3*(4/5) + 6;
trace (Math.PI * radius * radius);
String("(" + var_a + ") % (" +anExpression + ")");
```

- 赋值表达式和单值表达式

从功能上分，可以分成两种类型的表达式：一种表达式用于赋值，另一种表达式用来计算单个值。

例如：

$$x = 0$$

就是一个表达式；

$$2+3$$

也是一种表达式，它的计算结果为 5，但是没有将其结果赋给任何变量，仅仅是个单值，这个值可以被某个运算直接显示在"输出"面板中，或者传递给函数作为参数。下面的代码就是用来计算单值：

```
trace( 2 + 3 );
String("(" + var_a + ") % (" + anExpression + ") ");
```

11.10.2　算术运算符

算术运算符就是用来处理四则运算的符号，这是最简单、最常用的符号，尤其是数字的处理，几乎都会使用算术运算符。表 11-3 所示为 ActionScript 中的算术运算符。

表 11-3　ActionScript 中的算术运算符

运算符号	说　　明
+	加法运算
-	减法运算
*	乘法运算
/	除法运算
%	取余数
++	递增
--	递减

例如，在"动作"面板中输入如图 11-50 所示的代码。按组合键 **Ctrl+Enter**，在"输出"面板中可以看到通过运算符输出的运算结果，如图 11-51 所示。

图 11-50　输入 ActionScript 脚本代码

图 11-51　"输出"面板

11.10.3　字符串运算符

字符串运算符使用加法运算符来完成，它可以将字符串连接起来，变成合并的新字符串。

例如，在"动作"面板中输入如图 11-52 所示的代码。按组合键 **Ctrl+Enter**，在"输出"面板中可以看到字符串运算输出的结果，如图 11-53 所示。

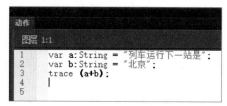

图 11-52　输入 ActionScript 脚本代码

图 11-53　"输出"面板

11.10.4　比较运算符和逻辑运算符

比较运算符和逻辑运算符通常用来测试真假值，有时也被归为一类，统称为逻辑运算符。最常见的逻辑运算就是循环和条件的处理，用来判断是否该离开循环或继续执行循环内的指令。表 11-4 所示为 ActionScript 中的比较运算符。

表 11-4　ActionScript 中的比较运算符

运算符号	说　　明
<	小于
>	大于
<=	小于或等于
>=	大于或等于
==	等于
!=	不等于

表 11-5 所示为 ActionScript 中的逻辑运算符。

表 11-5　ActionScript 中的逻辑运算符

运算符号	说　明
&&	并且（And）。两边表达式必须为 true，则结果为 true，否则为 false
||	或者（Or）。两边表达式只要一个为 true，则结果为 true，否则为 false
!	不（Not）
===	两个表达式，包括表达式类型都相等，则结果为 true
!==	结果与全等运算符（===）正好相反

下面是一个逻辑运算的例子，用于获得 a 与 c 的关系：

```
var a:Number,b:Number,c:Number;
a = 1;
b = 4;
c = 6;
if (a>b && b>c) {
trace("a大于c");
}else if(b>a&&c>b){
    trace("a小于c");
}else{
    trace("无法判定")
}
```

尝试改变 a、b、c 三个变量的值，按组合键 Ctrl+Enter 进行测试，体会不同的运行效果。

下面是另一个逻辑运算的例子，用来测试变量 a 是否不等于 5：

```
var a:Number = 5;
if (a !=5){
    trace("a的值不是5");
}else{
    trace("a的值是5");
}
```

- 考虑数据类型

在比较运算和逻辑运算时，应该注意数据类型，例如 "100" 和 100 就不是相同的数据类型，前一个是字符串，后一个是数字。

例如，在"动作"面板中输入如图 11-54 所示的代码。按组合键 Ctrl+Enter，在编译器严格模式下，会导致编译器警告，提醒用户这两个不同的数据类型在比较，并且编译不会通过，如图 11-55 所示。

图 11-54　输入 ActionScript 脚本代码

图 11-55　编辑器错误提示

在进行逻辑运算时，会首先将它们转成相同的数据类型，然后进行对比。变量 a 和 b

的数据类型虽然不同，比较运算（a == b）返回 true。

　　● 全等运算符

　　全等运算符（===）用来测试两个表达式是否相等，运算的对象包括数字、字符串、逻辑值、变量、对象、数组或函数。

　　除了不转换数据类型外，全等运算符（===）与等于运算符（==）执行运算的方式相同。如果两个表达式（包括它们的数据类型）相等，则结果为 true。

　　再返回去看前面的代码，如果使用了全等运算符：

```
var a:String = "10";
var b:Number = 10;
if (a === b){
    trace("a等于b");
}else{
    trace("a不等于b");
}
```

　　按组合键 Ctrl+Enter 进行测试，在非严格编译模式下，将会返回：a 不等于 b。

　　确定是否相等取决于参数的数据类型：

- 数字和逻辑值按值进行比较，如果它们具有相同的值，则视为相等。
- 如果字符串表达式具有相同的字符数，而且这些字符都相同，则这些字符串表达式相等。
- 表示对象、数组和函数的变量按引用进行比较。如果两个变量引用同一个对象、数组或函数，则它们相等。而两个单独的数组即使具有相同数量的元素，也不会被视为相等。

　　下面代码说明了全等运算符的运算规律：

```
var string1:String = "5";
var string2:String = "5";
trace(string1 ==string2);          //输出true
trace(string2 ===string2);         //输入true
//===============================================
//值相同，当数据类型不同
var string:String = "5";
var num;Number = 5;
trace(string1==num);               //输出true
trace (string2===num);             //输出false
//===============================================
//值相同，但数据类型不同
var string:String = "1";
var bool1:Boolean = true;
trace(string1 ==bool1);            //输出true
trace(string1 ===bool1);           //输出false
```

11.10.5　位运算符

　　ActionScript 的位运算符共有 7 个，通过位运算符可以为数字做一些快速而低阶的运算。表 11-6 所示为 ActionScript 中的位运算符。

表 11-6　ActionScript 中的位运算符

运算符号	说　　明
&（位 AND）	将运算符左边的值和右边的值转换为 32 位无符号二进制整数，并对整数的每一位执行逻辑 AND 运算，也即相同位置上的位都是 1 时才返回 1，否则返回 0
!（位 OR）	将运算符左边的值和右边的值转换为 32 位无符号二进制整数，并对证书的每一位执行逻辑 OR 运算，也即相同位置上的位有一个是 1 就返回 1，否则返回 0
~（位 NOT）	也称为对 1 求补运算符或者按位求补运算符
^（位 XOR）	将运算符左边的值和右边的值转换为 32 位无符号二进制整数，并在左边或右边值中为 1（但不是在两者中均为 1）的对应位的整数指定的位数
<<（位左移）	将运算符左边的值和右边的值转换为 32 位无符号二进制整数，并将左边的值中的所有位向左移动由右边的值转换所得到的整数指定的位数
>>（位右移）	将运算符左边的值和右边的值转换为 32 位无符号二进制整数，并将右边的值中的所有位向左移动由右边的值转换所得到的整数指定的位数
>>>（位无符号右移）	除了不保留原始表达式的符号外，此运算符与按位向右移动运算符相同，因为左侧的位始终用 0 填充。通过舍去小数点后面的所有位将浮点数转换为整数

位运算首先将运算符前后的表达式转换成二进制数，然后再进行运算，例如：

```
trace(10 & 15); //返回10
```

10 的二进制数是 1010， 15 的二进制数是 1111，将二进制数进行 AND 运算，运算结果是 1010，也就是十进制数 10。

11.10.6　赋值运算符

赋值运算符用来为变量或者常量赋值，它可以让程序更精简，增加程序的执行效率。表 11-7 所示为 ActionScript 中的赋值运算符。

表 11-7　ActionScript 中的赋值运算符

运算符号	说　　明
=	将右边的值赋到左边
+=	将右边的值加左边的值，并将结果赋给左边
-=	将右边的值减左边的值，并将结果赋给左边
*=	将左边的值乘右边的值，并将结果赋给左边
/=	将左边的值除以右边的值，并将结果赋给左边
%=	将左边的值对右边的值取余数，并将结果赋给左边
&=	将左边的值对右边的值做 & 运算，并将结果赋给左边
<<=	将左边的值对右边的值做 << 运算，并将结果赋给左边
!=	将左边的值对右边的值做 ! 运算，并将结果赋给左边
>>=	将左边的值对右边的值做 >> 运算，并将结果赋给左边
>>>=	将左边的值对右边的值做 >>> 运算，并将结果赋给左边
^=	将左边的值对右边的值做 ^ 运算，并将结果赋给左边

下面来看几个简单的赋值运算案例：

```
var a :Number = 1;
a += 1;                //即 a = a+1
trace(a);
var b:String ="你好";
b += "!";              //b= "你好! "
b +="Animate";         //此时b="你好Animate"
trace(b);
```

11.10.7　运算符的使用规则

不同的运算符号是有优先顺序的，在使用运算符之前必须先了解运算符的使用规则，其中包括运算符的优先级规则和结合规则。

- 优先级规则

当两个或多个运算符被使用在同一个语句中时，一些运算符要比其他一些运算符优先，这称为运算符的优先级规则。

ActionScript 按照精确的等级来决定哪一个运算符优先执行。例如，乘法总是在加法前先执行，但是括号内的项却比乘法优先。因此在没有括号时，ActionScript 首先执行乘法，例如：

```
var total: Number = 3+4*2;
```

结果是 11。但是如果有括号括住加法运算，则要先进行加法运算，然后才是乘法。

```
Var totol: Number = (3+4)*2;
```

结果是 14。

- 运算符结合规则

当两个或多个运算符优先级相同时，它们的结合规则决定它们被执行的顺序。结合规则可以是从左到右。例如：乘法运算符的结合规则是从左到右，所以下面两个语句是等阶的。

```
var total:Number = 3*3*5;
var total:Number = (3*3)*5;
```

在 ActionScript 中，一般运算符优先级都是从左到右计算，当然也有例外，例如，赋值运算符和三元条件运算符就是从右到左计算的。

11.11　ActionScript 3.0 的流程控制

在开始建立复杂的应用程序之前，需要任何一种编程语言都需要的基本构件块：分支结构和循环结构。

ActionScript 共有两种分支结构：if···else 语句和 switch···case 条件语句；有三种循环结构：do···while 循环、for 循环和 while 循环。

ActionScript 程序语言的流程控制语句非常重要，也非常强大。它是一种结构化的程序语言，提供了三种控制流来控制程序的流程：顺序、条件分支和循环语句。

ActionScript 程序遵循顺序流程，运行环境执行程序语句，从第一行开始，然后按顺序执行，直至到达最后一行语句或者根据指令跳转到其他地方继续执行命令。

if 语句、do…while 循环语句和 return 语句可以在执行程序的过程中跳过下一条语句，从这些语句指定的地方开始执行 ActionScript 程序。

在流程的部分分隔符号上，都是使用"{"当作部分的开头，用"}"当作结尾。ActionScript 语法中在每条指令结束时都要加上分号（;），但是在部分结尾符号"}"后面不再加分号作为结尾。

11.11.1　语句和语句块

ActionScript 程序是语句的集合，一条 ActionScript 语句相当于英语中的一个完整句。很多个 ActionScript 语句结合起来，完成一个任务。

● 语句

一条语句由一个或多个表达式、关键字或者运算符组成。典型的一条语句写一行，但是一条语句也可以超过两行或多行。两条或更多条语句也可以写在同一行上，语句之间用分号（;）隔开。

一般情况下，每一新行开始一条新语句，语句的终止符号是分号（;）。

● 语句块

在 ActionScript 中，用花括号（{ }）括起来的一组语句称为语句块。分组到一个语句块中的语句通常可当作单条语句处理。这就是在 ActionScript 期望有一条单个语句的大多数地方可以使用语句块，但是以 for 和 while 打头的循环语句是例外的情况。另外，语句块中的原始语句以分号结束，但语句块本身并不以分号结束。

```
{
    语句1;
    语句2;
    ……
    语句n;
}
```

通常在函数和条件语句中使用语句块，下面的语句中在花括号中使用 2 条语句构成一个语句块。

```
if ( date == "mon" ) {
    trace("奥运比赛");
    trace ("加油");
}
```

11.11.2　if…else 条件语句

if…else 条件语句有三种结构形式。

第一种只用到 if 条件，当作单纯的判断，语法格式如下：

```
if (condition) {
    statements
    }
```

其中的参数 condition 为判断的条件表达式，通常都是使用逻辑符号作为判断的条件；而 statement 为符合条件的执行部分程序，若程序只有一行，可以省略花括号。例如：

```
if (date =="mon") trace("好好工作吧");
```

与下面的代码是相同的：

```
if (date =="mon") {
    trace ("好好工作");
}
```

在这里，条件表达式（condition）就是：

```
date == "mon"
```

判断今天是不是周一，如果满足条件，就执行花括号内的语句（statements），即

```
trace ("好好工作");
```

如果程序不止一行，例如下面的代码，就不能省略花括号：

```
if (date =="mon") {
    trace("一周的第一天");
    trace ("努力工作吧");
}
```

这种结构形式有一个缺陷，就是如果不满足条件，就不会做任何处理，也不返回任何结果。

第二种结构形式是除了 if 之外，还可以加上 else 条件，从而可以避免第一种结构形式的缺陷，代码如下：

```
if (condition) {
    statements
} else {
    statements
}
```

例如下面的代码：

```
var date:String = "mon";
    if (date == "sun") {
        trace ("努力工作吧");
        play();
} else {
        trace("好好休息");
}
```

图 11-56　"输出"面板

这段代码也是先判断 if 关键词后面的条件表达式，如果满足条件就执行随后花括号内的语句，如果不满足条件，就会执行 else 后花括号内的语句，测试效果如图 11-56 所示。

第三种结构形式是递归的 if⋯else 条件语句，通常用在多种决策判断时。它将多个 if⋯else 拿来合并运算处理，语法格式如下：

```
if (condition) {
  statements
}else if (condition-n){
  statements
......
```

```
}else {
  statements
}
```

一个 if 条件运算构成一个逻辑运算模块，简称 if 块。在 if 块中可以放置任意多个 else if 子句，但是都必须在 else 子句之前。

11.11.3　switch 条件语句

switch 条件语句通常处理复合式的条件判断，每个子条件都是 case 指令部分。在实际运用上，如果存在许多类似的 if 条件语句，就可以将它们综合成 switch 条件语句。

基本语法格式如下：

```
switch (expr) {
 case expr1:
   statement1;
   break;
   ......
  default:
   statement;
   break;
}
```

其中的参数 expr 通常为变量名称；而 case 后的 exprN 通常表示变量值；冒号后则为符合该条件要执行的部分（注意要使用 break 跳离条件）。

例如下面的代码判断当天是周几，这段代码使用了 Date 对象来获取当前的日期：

```
var rightNow:Date = new Date();
var day:Number = rightNow.getDay();
switch(day){
        case 1:
        trace ("今天星期一");
        break;
        case 2:
        trace ("今天星期二");
        break;
        case 3:
        trace ("今天星期三");
        break;
        case 4:
        trace ("今天星期四");
        break;
        case 5:
        trace ("今天星期五");
        break;
        case 6:
        trace ("今天星期六");
        break;
        case 7:
        trace ("今天星期日");
        break;
}
```

图 11-57 "输出"面板

这段代码如果使用了 if 语句就稍微麻烦了。当然，在编写代码时，要将出现概率最大的条件放在最前面，最少出现的条件放在后面，可以增加程序的执行效率。这个案例由于每天出现的概率相同，所以不用注意条件的顺序，测试效果如图 11-57 所示。

switch 结构在其开始处使用一个只计算一次的简单测试表达式，表达式的结果将与结构中每个 case 的值比较，如果匹配，则执行与该 case 关联的语句块。

在这段代码中，首先计算 switch 关键词后的变量 date 的值，然后将该计算结果与结构中每个 case 的值比较，如果相同就执行该 case 下面的语句。

提示

如果要使用 switch 结构代替 if…else if…else 结构，则要求每个 else if 语句计算的表达式都相同。另外，应始终使用 break 来结束 statementN 语句。如果省略了 break，则程序将继续执行下一个 case 语句，而不是退出 switch 语句。

11.11.4 do…while 循环

do…while 是用来重复执行语句的循环。最单纯的就是只有 while 语句的循环，用来在指定的条件内不断地重复执行指定的语句，语法格式如下：

```
while(condition) {
 statement
}
```

其中的参数 condition 为判断的条件，通常都是用逻辑运算表达式作为判断的条件。而 statement 为符合条件的执行部分程序，若程序只有一行，可以省略花括号。

如果参数 condition 计算结果为 true，则在循环返回以再次计算条件之前执行语句。只有在条件计算结果为 false 时，才会跳过语句并结束循环。

例如，在"动作"面板中输入如图 11-58 所示的代码，在 i 的值小于等于 10 时，跟踪 i 的值。当条件不再为 true 时，循环将退出，从而可以显示循环执行几次。按组合键 Ctrl+Enter 进行测试，在"输出"面板中可以看到输出的结果，如图 11-59 所示。

图 11-58 输入 ActionScript 脚本代码 1

图 11-59 "输出"面板 1

第二种模式是先执行 do…while 循环，再判断是否需要继续执行，也就是说循环至少执行一次，语法格式如下：

```
do {
 statement
} while(condition);
```

例如，在"动作"面板中输入如图 11-60 所示的代码。按组合键 **Ctrl+Enter** 进行测试，在"输出"面板中可以看到输出的结果，如图 11-61 所示。

图 11-60　输入 ActionScript 脚本代码 2　　　　图 11-61　"输出"面板 2

11.11.5　for 循环

for 循环是一种非常常用的循环语句，它的语法格式如下：

```
for (expr1; expr2;expr3) {
    statement
}
```

其中的参数 expr1 为条件的初始值；参数 expr2 为判断的条件，通常都是用逻辑运算表达式作为判断的条件；参数 expr3 为执行 statement 后面执行的部分，用来改变条件，供下次的循环判断；参数 statement 为符合条件的执行部分程序，若程序只有一行，可以省略花括号。

例如下面的程序代码和使用 while 循环作比较，结果相同。

```
var i:Number;
    for(i=1;i<=10;i++) {
        trace("这是第"+i+"次执行");
}
```

从这个例子可以看出使用 for 循环和使用 while 循环的不同，在实际应用中，若循环有初始值，且都要累加（或累减），则使用 for 循环比用 while 循环好。

11.12　在 ActionScript 中使用类

在 Animate 中提供了很多类，这些类按照不同的功能封装了一些函数和变量，用于不同的数据运算，如字符串运算、数学运算、数值转化、格式化等。在绝大多数的 Animate 应用程序中都会使用这些类，而且无须导入就可以使用这些类，这些类也被称为顶级类。

11.12.1　创建类的实例

在使用 ActionScript 3.0 编程时，接触最多的就是类了。任何程序，无论大小，都要用到类，ActionScript 3.0 也使类的使用发展到了极致。

在学习类之前先来说一说包。包的关键字是 package，在定义任何一个类之前都要定义一个包，这个包就是用来承载类的，同时使用包可以防止空间重名。了解了包的概念后，看下面一段代码：

```
package{
  public class Newlei{
    public var pl_1:String = "加油";
    public function Newlei():void{
    }
    public function say():void{
      trace(pl_1+"中国! ");
    }
  }
}
```

这段代码看起来很简单，却囊括了类的最基本也是最重要的要素。

- 第一行是一个包，这个包位于最顶层的文件夹，所以它没有包路径。
- 第二行定义了一个类，这里只是声明了类的名称，使用 Newlei 来命名。用 class 来声明类，这个类的前面有一个 public 关键字，这个关键字是一个访问权限控制，表示完全公开，类的访问权限也只有 public，因为一个类的主要功能就是被外部调用，能够被访问，如果将类设置为私有，那么建立这个类也就没有什么实际意义了。

> **小技巧**
>
> 一般在定义包路径时首字母要小写，而类名称的首字母一般都是大写，这样便于区分，请大家在编写代码的时候注意这一点。

- 第三行开始就是类体。所谓类体，就是写在类后面花括号内的语句。类体内首先定义了一个字符串类型的变量，这个变量的名称是 pl_1，同时为它赋予了一个值。
- 第四行定义了一个函数，这个函数的名称和类的名称完全相同，这个函数可以称之为构造器函数。所谓构造器函数就是在类被实例化的时候初始化执行的一段脚本。每个类都应该有一个构造器函数。

> **提示**
>
> 平常在编写脚本的时候，常常会创建变量，这些变量常常执行不同的工作，比如记录用户的操作状态等。这些变量无非就是在内存中开辟一个内存空间来存储数据。但如果将变量放置到类里面的时候，这个变量就成了该类的一个属性，它的含义也就更深一层了。这里的 pl_1 就是 newlei 的一个属性。

- 第六行又定义了一个函数，这个函数的名称和类的名称不同，这个函数叫作方法。凡是写在类中的函数都可以称作方法。定义的这个方法访问控制依然是 public，也就是说这个方法可以被外部访问或调用。再来看看这个方法到底做了什么，它在"输出"面板输出"加油中国! "的字样。这就是这个函数要做的事情。

11.12.2　使用类的实例

定义了类，肯定要去使用这个类。定义类学习起来非常简单，但是使用类却要注意很多事项。

Animate 是面向对象编程的，面向对象就要有一个控制的对象。所以使用自己定义的类的时候也要建立一个对象，通过对这个对象的操作来访问类中的属性和方法。看下面一段代码：

```
import Newlei;
var duixiang:Newlei = new Newlei();
duixiang.say();
```

- 第一行中 import 是导入的意思。要使用一个类，首先要将其导入编译器中，否则的话，编译器中没有这个类，也就不知道要做什么样的处理，也将导致编译发生错误。导入类的时候要将类的路径也写上，由于这里的类和 FLA 文件在同一文件夹下，所以可以直接写类的名称。
- 第二行是定义了一个对象，这个对象的类型就是我们刚才定义的类，这里最好声明变量类型，当然如果没有声明类型也不会报错，但是缺少了 IDE 错误检查。推荐大家写上，这样也更为规范。后面的 new 关键字是调用该类。
- 第三行调用了这个类中的唯一一个方法，这个方法不需要任何参数，所以可以只写一个空的括号。一个方法名加一对括号就是调用该方法，这是固定的格式。在方法前面要写上对象的名称，因为调用的是该对象的方法，所以一定不要忘记添加对象名称。

11.12.3　应用案例——影片剪辑显示按钮指针

Step01 执行"文件"→"打开"命令，打开素材文件"1312301.fla"，效果如图 11-62 所示。按组合键 Ctrl+Enter 测试动画，可以看到动画中鼠标指标显示为默认的白色箭头效果，如图 11-63 所示。

Step02 选择舞台中的"开始按钮"影片剪辑元件，在"属性"面板中设置"实例名称"为 btn，如图 11-64 所示。新建"图层 2"，单击第 1 帧位置，在"动作"面板中输入如图 11-65 所示的代码。

Step03 完成该动画的制作，按组合键 Ctrl+Enter 测试动画，可以看到当光标移至影片剪辑元件上方时将显示手形光标指针的效果，如图 11-66 所示。

图 11-62　打开素材文件

图 11-63　默认的光标指针效果

图 11-64　设置"实例名称"

图 11-65　输入 ActionScript 脚本代码

图 11-66　测试动画效果

11.12.4　应用案例——制作指针经过动画

Step01 执行"文件"→"打开"命令，打开素材文件"1312401.fla"。按 F9 键，打开"动作"面板，创建鼠标经过侦听事件，输入如图 11-67 所示的代码。继续定义事件，实现鼠标经过影片剪辑 btn 时控制其播放，输入如图 11-68 所示的代码。

图 11-67　添加鼠标经过侦听事件代码

图 11-68　添加代码控制鼠标经过时影片剪辑的操作

图 11-69　测试动画效果

Step 02 将动画保存，按组合键 Ctrl+Enter 测试动画，影片剪辑具有了按钮的效果，如图 11-69 所示。

11.12.5　应用案例——制作指针移出动画

Step 01 执行"文件"→"打开"命令，打开素材文件"1312501.fla"。按 F9 键，打开"动作"面板，添加鼠标移出侦听事件代码，如图 11-70 所示。继续定义事件，实现鼠标移出影片剪辑 btn 时控制其播放，输入如图 11-71 所示代码。

图 11-70　添加鼠标移出侦听事件代码

图 11-71　添加代码控制鼠标移出时影片剪辑的操作

图 11-72　测试动画效果

Step 02 将动画保存，按组合键 Ctrl+Enter 测试动画，影片剪辑具有了按钮的效果，如图 11-72 所示。

11.12.6　应用案例——点击链接超链接

Step 01 执行"文件"→"打开"命令，打开素材文件"1312601.fla"。按 F9 键，打开"动作"面板，添加鼠标单击侦听事件代码，如图 11-73 所示。继续定义事件，实现鼠标单击元件在浏览器中打开相应的链接地址，输入如图 11-74 所示代码。

图 11-73　添加鼠标单击侦听事件代码

图 11-74　添加代码设置鼠标单击打开的链接地址

Step02 将动画保存，按组合键 **Ctrl+Enter** 测试动画，如图 11-75 所示。单击动画中的元件将会在系统默认浏览器窗口中打开所设置的链接地址，如图 11-76 所示。

图 11-75　测试动画效果

图 11-76　打开链接地址网页

11.12.7　应用案例——实现拖动元素功能

Step01 执行"文件"→"打开"命令，打开素材文件"1312701.fla"。按 F9 键，打开"动作"面板，添加鼠标拖曳侦听事件代码，如图 11-77 所示。继续定义事件，实现鼠标单击元件后开始拖动元件，输入如图 11-78 所示代码。

图 11-77　添加鼠标拖曳侦听事件代码　　　图 11-78　添加鼠标单击元时开始拖动元件代码

Step02 继续添加脚本代码，实现当释放鼠标时元件停止拖动操作，如图 11-79 所示。将动画保存，按组合键 **Ctrl+Enter** 测试动画，可以单击并拖动元件，如图 11-80 所示。

图 11-79　添加释放鼠标时停止拖动元件代码

图 11-80　测试动画效果

11.13　使用影片剪辑

在发布 SWF 文件时，Animate 会将舞台上的所有影片剪辑元件实例转换为 MovieClip 对象。通过在"属性"面板的"实例名称"选项中设置影片剪辑元件的实例名称，可以在 ActionScript 中使用该元件。在创建 SWF 文件时，Animate 会生成在舞台上创建该 MovieClip 实例的代码并使用该实例名称声明一个变量。

如果用户已经命名了嵌套在其他已命名影片剪辑内的影片剪辑，则会将这些子级影片剪辑视为父级影片剪辑的属性，这样就可以使用点语法访问该子影片剪辑。

11.13.1　应用案例——加载库中的影片剪辑

Step 01 执行"文件 > 打开"命令，打开素材文件"1313101.fla"，效果如图 11-81 所示。打开"库"面板，在元件 bj 上右击，在弹出的快捷菜单中选择"属性"命令，弹出"元件属性"对话框，勾选"为 ActionScript 导出"复选框，设置"类"为 shumu，如图 11-82 所示。

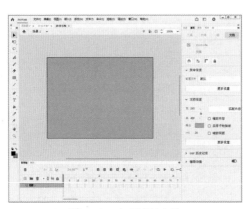

图 11-81　打开素材文件　　　　　　　　　图 11-82　"元件属性"对话框

Step 02 单击"确定"按钮。按 F9 键，打开"动作"面板，输入 ActionScript 脚本代码，如图 11-83 所示。将文件保存，按组合键 Ctrl+Enter 测试动画，可以看到将"库"面板中元件加载到场景中的效果，如图 11-84 所示。

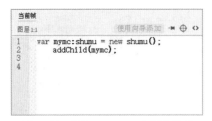

图 11-83　输入 ActionScript 脚本代码　　　　　图 11-84　测试动画效果 1

Step 03 在"动作"面板中继续输入脚本，用来控制加载元件的位置，如图 11-85 所示。测试动画效果，看到加载的元件向下移动了 110 像素，如图 11-86 所示。

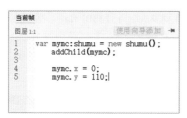

图 11-85 输入控制元件位置代码　　　　　图 11-86 测试动画效果 2

Step 04 在"动作"面板中修改脚本代码，控制加载元件的缩放比例，如图 11-87 所示。完成该动画的制作，按组合键 **Ctrl+Enter** 测试动画，可以看到加载的元件放大为原来的 **1.8** 倍，如图 11-88 所示。

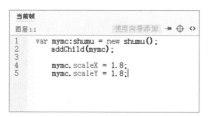

图 11-87 输入控制元件缩放比例代码　　　　图 11-88 测试动画效果 3

提示

scaleX 和 scaleY 的值代表的是缩放的倍数，并不是一个准确的数值。scaleX=2 代表的就是元件在水平方向缩放 2 倍。

11.13.2 应用案例——加载外部 SWF 文件

Step 01 执行"文件"→"新建"命令，新建一个背景颜色为 #00CC99 的默认尺寸大小文档，按 F9 键，打开"动作"面板，输入相应的 **ActionScript** 脚本代码，如图 11-89 所示。

Step 02 完成该动画的制作，按组合键 **Ctrl+Enter** 测试动画，可以看到加载外部 SWF 文件的效果，如图 11-90 所示。

图 11-89 输入 ActionScript 脚本代码　　　　图 11-90 测试动画效果

11.13.3　应用案例——制作下雪效果

Step01 执行"文件"→"打开"命令，打开素材文件"1313301.fla"，效果如图 11-91 所示。打开"库"面板，在"雪"元件上右击，在弹出的快捷菜单中选择"属性"命令，弹出"元件属性"对话框，勾选"为 ActionScript 导出"复选框，设置"类"为 xl，如图 11-92 所示。

图 11-91　打开素材文件

图 11-92　"元件属性"对话框

Step02 单击"确定"按钮。新建"图层 2"，按 F9 键，打开"动作"面板，输入相应的 ActionScript 脚本代码，如图 11-93 所示。完成该动画的制作，按组合键 Ctrl+Enter 测试动画，可以看到使用 ActionScript 脚本代码实现的下雪效果，如图 11-94 所示。

图 11-93　输入 ActionScript 脚本代码

图 11-94　测试动画效果

11.14　本章小结

本章主要讲解了 Animate 中 ActionScript 的概念及使用方法。通过学习 ActionScript 的基本语法，读者应熟悉 ActionScript 的编辑环境，掌握在脚本中使用常量、变量、对象、数组、表达式、运算符和类等元素的规则和要点，同时熟悉 ActionScript 的流程控制，制作出具有更丰富交互效果的动画作品。